服装设计与工艺职业教育新课改教程

CorelDRAW X4
服装设计实用教程

主　编　严亦红

参　编　陈仕富　　王　森　贺　欣

　　　　欧阳振华　吕　骥　陈劲梅

机械工业出版社

本书根据编者多年教学实践的积累和最新的市场调查选定内容，操作性和针对性强，图文并茂、深入浅出、循序渐进地剖析了 CorelDRAW X4 在服装领域中的应用以及操作技法，具有较强的系统性、理论性、专业性和实用性。其灵活多变的绘图技巧具有较强的启发性，大多数的相关教材会使用某一种绘图技巧贯穿始终，而本书的特色是采用多种方法进行操作，读者可以根据自己的实际情况选择适合自己的方法，选定的案例更贴近市场、贴近生活，为各种不同水平的用户提供帮助。本书配有电子课件和素材图片，读者可到机械工业出版社教材服务网 www.cmpedu.com 免费注册并下载，或联系编辑（电话：88379194）咨询。

　　本书适合作为职业院校服装设计专业和相关设计专业服装 CAD 课程教材，也可作为服装企业 CAD 培训教材及电脑美术爱好者的自学教材。

图书在版编目（CIP）数据

CorelDRAW X4 服装设计实用教程/严亦红主编. —北京：机械工业出版社，2011 . 10
服装设计与工艺职业教育新课改教程
ISBN　978-7-111-35918-0

Ⅰ. ① C…　Ⅱ. ①严…　Ⅲ. ①服装—计算机辅助设计—图形软件，CorelDRAW X4
—高等职业教育—教材　Ⅳ. ① TS941. 26

中国版本图书馆 CIP 数据核字（2011）第 195501 号

机械工业出版社（北京市百万庄大街 22 号　邮政编码 100037）
策划编辑：梁　伟　　责任编辑：蔡　岩
封面设计：鞠　杨　　责任印制：杨　曦

北京鑫海金澳胶印有限公司印刷

2012 年 7 月第 1 版第 1 次印刷
184mm×260mm · 8. 75 印张 · 214 千字
0001—3000 册
标准书号：ISBN　978-7-111-35918-0
定价：23. 00 元

前　言

CorelDRAW 是一款功能强大的平面设计软件，广泛应用于矢量绘制、位图编辑、版式设计、包装设计和服装设计等领域。越来越多的服装企业选用 CorelDRAW 软件进行辅助产品的设计与开发，该软件成为服装设计师以及设计爱好者首选的图形绘制及编辑工具，软件现今已经发展到了 CorelDRAW X4 版本，在功能及人性化操作方面又上升了一个高度。

本书介绍了利用 CorelDRAW 进行服装款式设计、时装画设计、服装样板制作等内容，采用项目式教学模式安排内容，可以让读者在较短的时间内掌握软件的操作技巧，快速提高利用计算机辅助服装设计的能力。

本书共分 11 个项目，各项目内容简要介绍如下：

导学，介绍了 CorelDRAW X4 的基础知识。通过实例介绍了 CorelDRAW X4 的操作界面，对图形文件的新建与基本操作。知识拓展介绍了常用文件格式、图像及其类型、分辨率、色彩模式等知识。

项目 1，介绍了在服装设计中所要求的 CorelDRAW X4 的绘图环境与常用工具。介绍了 CorelDRAW X4 中西裙款式设计的方法与步骤。本项目要求学生学习掌握 CorelDRAW X4 的绘图技巧，由浅入深，循序渐进，学会综合运用各种工具与掌握绘图的要领。知识拓展介绍了工具箱、下拉菜单、对象的轮廓编辑、路径、对象的填充等知识。

项目 2，介绍了利用 CorelDRAW X4 对牛仔裤进行款式设计的方法与步骤。本项目要求学生掌握牛仔裤的款式设计的技巧，会举一反三地变化设计绘制出其他任何款式的裤子。知识拓展介绍了挑选工具、形状工具。

项目 3，介绍了利用 CorelDRAW X4 对针织衫进行款式设计的方法与步骤。本项目采用与项目 2 完全不同的绘图技巧，给读者带来 CorelDRAW X4 所能做到的神奇体验，让读者体会借用现代科学技术可以使设计绘图更简单、更大众化。知识拓展介绍了基本几何图形矩形和椭圆形的绘制。

项目 4，介绍了利用 CorelDRAW X4 对女式圆角单粒扣西服进行款式设计的方法与步骤。与之前的方法不同的是采用了设置矩形高度和宽度数值的方法，由简到繁、由易到难，使读者在掌握各种款式设计的同时学会不同的绘图技巧。知识拓展介绍了对象的变换。

项目 5，介绍了利用 CorelDRAW X4 对内衣进行款式设计的方法与步骤。本项目以典型实例展示了 CorelDRAW X4 的图案填充与立体化效果。让服装款式设计图具有更加逼真的视觉效果。知识拓展介绍了对象的复制、粘贴与删除以及对象的群组与解组。

项目 6，介绍了利用 CorelDRAW X4 对假二件式连衣裙进行款式设计的方法与步骤。本项目以市场流行的时尚连衣裙款式为实例，能引起读者的兴趣，同时能为设计创作带来启迪。知识拓展介绍了对象的锁定与解锁、对象的顺序等基本操作。

项目 7，介绍了利用 CorelDRAW X4 对纽扣、拉链、镶钻腰带等服饰配件进行设计的方法与步骤。运用实例使读者熟练掌握对象的修剪等基本操作以及交互式调和工具、交互式填充工具的使用。知识拓展介绍了对象的焊接、相交。

项目 8，介绍了利用 CorelDRAW X4 对男 T 恤印花设计的方法与步骤。本项目以生产的实例分析男 T 恤印花设计的完成过程，是对印花设计的最清晰的剖析。通过学习，读者可以真实体会到设计师的印花设计工作。知识拓展介绍了对象的排列与对齐。

项目 9，介绍了利用 CorelDRAW X4 对时装画人体表现技法的方法与步骤。尤其是 CorelDRAW X4 中的各种工具表现时装人体及服饰的技巧、服装面料质感的技巧，以及变化运用的方法。知识拓展介绍了基本形状工具的使用。

项目 10，介绍了利用 CorelDRAW X4 对西裙样板制作的方法与步骤。本项目的重点是与服装结构制图相对应的绘图工具及方法，以及运用 CorelDRAW X4 的操作命令进行样板的放缝等技巧。知识拓展介绍了表格的绘制。

项目 11，介绍了利用 CorelDRAW X4 结合 Microsoft Excel 绘制生产设计单、生产制作单、工艺制造单等。以生产实例让读者了解服装设计跟单所要绘制的设计制作单，也是服装设计师所必须具备的基本常识。

本书由严亦红任主编，参与编写的还有陈仕富、王森、贺欣、欧阳振华、吕骥、陈劲梅。

由于编者水平有限，若有疏漏之处，恳请读者批评指正。

编　者

目　录

导　学

■ 职业应用

　　学习本书后可从事服装设计、服装设计助理、服装跟单、服装 CAD 操作员、版式设计和包装设计等平面设计岗位工作。从事服装设计等相关工作时应注意培养绘图技巧、审美能力、创新能力、收集最新资讯的能力及沟通和表达能力。例如某校一名学生通过学习本教材内容，对运用 CorelDRAW 软件辅助服装设计的操作技术掌握熟练，并且她在学习期间能按照老师的要求收集大量的时装最新流行资讯，绘制各种各样的服装款式设计图，毕业后在一家小型港资服装公司从事服装设计岗位工作，一年以后担任了该公司的品牌服装设计主管。

■ 新兵训练营

1. CorelDRAW X4 的操作界面

　　打开 CorelDRAW X4 的操作界面，如图 0-1 所示。

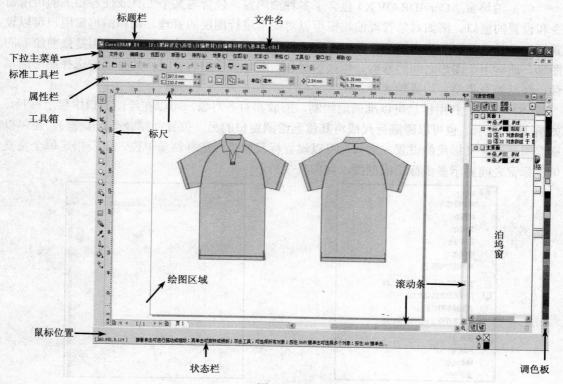

图　0-1

图 0-1 所示的操作界面主要包括以下几部分内容：

（1）标题栏　标题栏是用于显示应用程序的名称、图形的文件名。如果已保存还会显示保存路径。右侧三个控制窗口的按钮，分别为"最小化"、"最大化"和"关闭"按钮。

（2）下拉主菜单　下拉菜单主要是控制 CorelDRAW 的整体环境，其下面含有多级子菜单，可以实现 CorelDRAW 的各种功能。根据不同的菜单名称可以看出该菜单具体所包含相关命令的作用。

（3）标准工具栏　标准工具栏将常用的操作命令以图标的形式放在 CorelDRAW 界面上，包括"新建"、"打开"、"保存"、"导入"、"导出"、"复制"、"粘贴"、"显示比例"等。通过这些命令可以快速地编辑和操作图形。

（4）属性栏　属性栏显示的是所选择工具的控制选项，根据所选择工具的不同会有所变化，如果未选取任何工具，会显示页面等设置的相关选项。

（5）工具箱　工具箱在操作界面中的默认位置在左侧。工具箱是各种工具的集合，用户可以从中选择工具，也可以将光标放置到工具箱顶部，按住鼠标左键，将工具箱向中间的绘图区域拖动，以浮动工具栏的形式显示。工具箱中右下角带三角形的工具图标都有相关的隐藏工具。按住该图标，在弹出的工具条中选择隐藏的工具。

（6）绘图区域　绘图区域是指操作图形时的页面，该页面所包含的图形可以被打印出来，而不在页面中的区域则不会被打印出来。根据页面的方向可以将其分为两类：一类为横向的页面；另一类为纵向的页面。

（7）泊坞窗　CorelDRAW X4 包含了多种泊坞窗，包含与某个工具或任务相关的可用命令和设置的窗口。例如对象管理泊坞窗可以对图形进行图层的管理。调和泊坞窗用户可以设置调和步长、调和加速、调和颜色以及杂项调和选项。造形泊坞窗的主要作用是修剪绘制的图形，通常用于图形之间的修剪、焊接等操作。对象属性泊坞窗显示的是当前选择图形的属性，包括填充类型、边缘轮廓等。

（8）标尺　利用标尺可以准确地绘制、缩放和对齐对象。可以在绘图窗口中显示标尺，如图 0-2 所示，也可以隐藏标尺或将其移到绘图窗口的另一位置（结合<Shift>键），还可以根据需要自定义标尺的设置。例如，可以设置标尺原点，选择测量单位，以及指定每个完整单位标记之间显示多少标记或刻度，如图 0-3 所示。

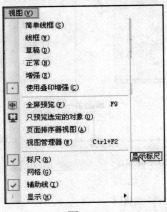

图　0-2

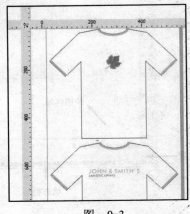

图　0-3

（9）调色板　在系统默认时，调色板位于工作区的右边，利用调色板可以快速选择轮廓色和填充色，选定一种颜色后，单击鼠标左键可以填充对象内容，单击鼠标右键则可以描绘对象轮廓。选定第一个图标⊠单击鼠标左键可以取消填充对象，单击鼠标右键则可以取消对象轮廓。

✂ 提示　初学者经常会出现的一个常见问题，就是在使用的过程中未控制好鼠标，不小心关闭了调色板或者工具箱等。在窗口菜单中可以选择调色板命令恢复默认的调色板。在主菜单或其他地方的灰色空白处单击鼠标右键，在弹出的菜单中选择工具箱。

2. CorelDRAW X4 新建文件的简单实例

下面通过一个简单实例说明建立一个新的 CorelDRAW 文件的基本过程。

（1）新建一个文件　新建文件有两种方式：

1）选择"文件"→"新建"。

2）直接单击□按钮。

以上两种方式可以直接创建一个新的图形文件，如图 0-4 所示。

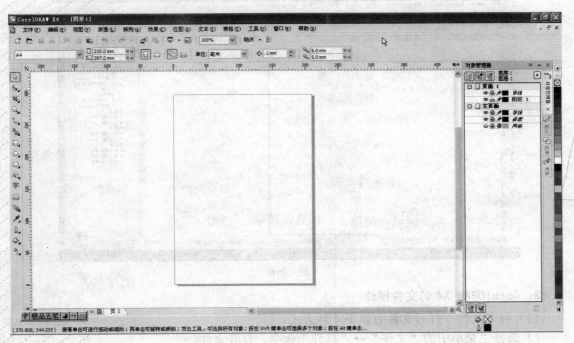

图　0-4

（2）从模板新建文件　选择"文件"→"从模板新建"，弹出"从模板新建"对话框，如图 0-5 所示。可以选择、预览模板的样式，然后根据需要选择合适的模板。例如选择"Other Promotional"，打开"Landscaping Shirt"，T 恤样式图案如图 0-6 所示。

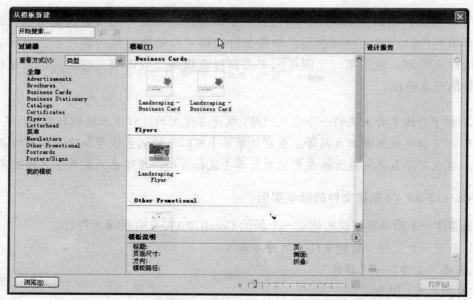

图 0-5

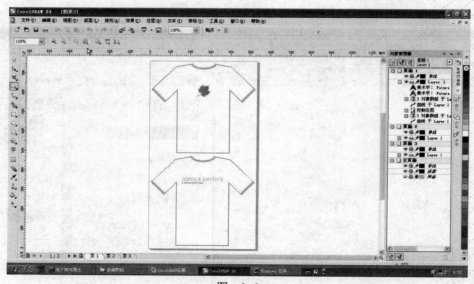

图 0-6

3. CorelDRAW X4 的文件操作

（1）打开文件　打开文件有以下 4 种方式：

1）选择主菜单中的"文件"→"打开"命令，打开文件。

2）直接单击 📂 按钮，打开文件。

3）通过按组合键<Ctrl+O>打开文件。

以上这 3 种方式都可以得到"打开绘图"对话框，在该对话框中单击要打开的图形，在右侧的预览框中可以查看图形效果，如图 0-7 所示。

4）在欢迎界面窗口中直接单击"打开上次编辑的图形"或"打开图形"图标。

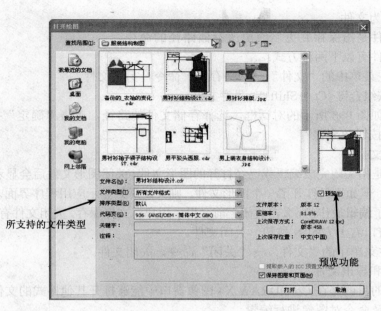

所支持的文件类型

预览功能

图 0-7

（2）保存文件　保存文件有以下 3 种方式：
1）选择主菜单中的"文件"→"保存"命令，保存文件。
2）单击标准工具栏上的 ■ 按钮，保存文件。
3）通过按组合键<Ctrl+S>保存文件。
此时出现保存绘图对话框如图 0-8 所示。非首次保存，直接保存文件不再出现对话框。

图 0-8

（3）另存为文件

另存为文件是指保存并更名或更改存储路径的命令。

另存为文件有以下两种方式：

1）选择主菜单中的"文件"→"另存为"命令，另存文件。

2）通过按组合键<Ctrl+Shift+S>另存文件。

此时出现如图 0-8 所示的对话框，选择存储文件的路径，单击"确定"按钮保存文件，单击"取消"按钮放弃保存。

（4）关闭文件

关闭文件是指关闭完成编辑或已经打开的图形文件。关闭图形文件后会显示出另外已经打开的图形文件，但如果只打开了一个图形文件，则关闭后只显示应用程序界面。如果对打开的图形文件进行了编辑操作，那么在关闭之前会提示用户对文件保存，关闭文件有以下两种方式。

1）单击窗口右上方的 × 按钮，关闭文件。

2）选择主菜单中的"文件"→"关闭"命令，关闭文件。

（5）导入和导出文件

导入文件的目的是在 CorelDRAW X4 图像窗口中能够打开其他格式的文件，并能应用其所提供的工具及命令对图像进行编辑。

导入文件有以下 3 种方式：

1）选择主菜单中的"文件"→"导入"命令，导入文件。

2）单击标准工具栏图标 ，导入文件。

3）使用组合键<Ctrl+I>导入文件。

导入文件的具体步骤如下：

① 步骤 1：启动 CorelDRAW X4，创建一个新文件，选择"文件"→"导入"命令，如图 0-9 所示。

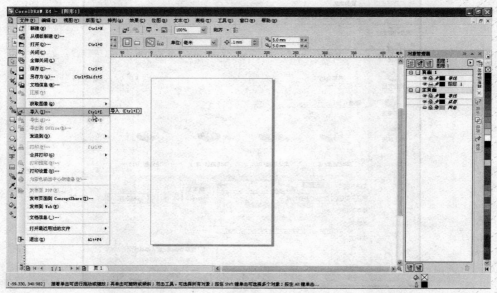

图　0-9

② 步骤 2：在"导入"对话框中选择要导入图形的存储路径，并选择要导入的图形，单击"导入"按钮，如图 0-10 所示。

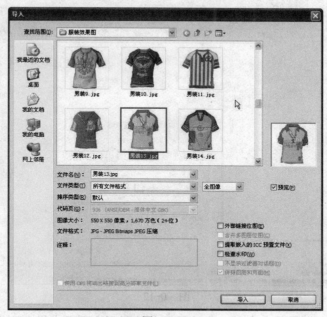

图 0-10

③ 步骤 3：当光标变成了一个黑色图标时，周围将显示该图形的相关信息，如图 0-11 所示。

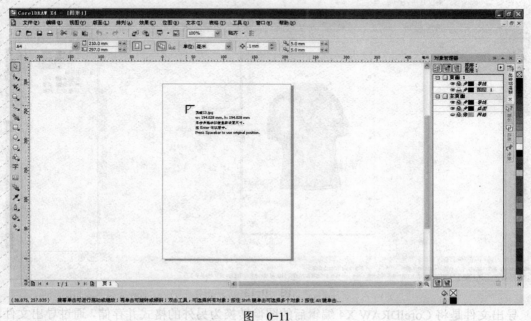

图 0-11

④ 步骤 4：在绘图区域合适的位置单击或者拖动鼠标确定导入图像的位置及大小，如

图 0-12 所示。

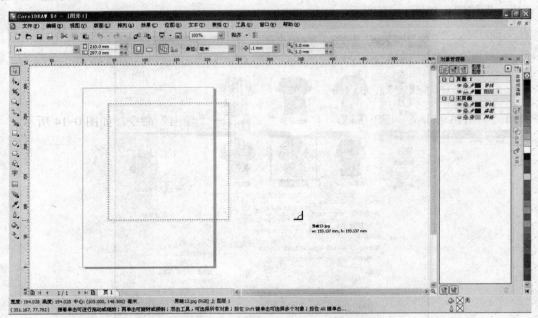

图 0-12

⑤ 步骤 5：确定位置及大小后，释放鼠标左键即可在页面中导入所需图形，如图 0-13 所示。

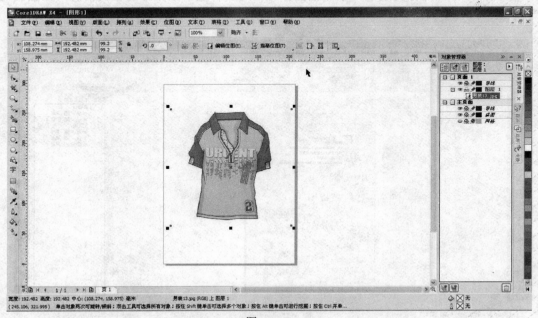

图 0-13

导出文件是将 CoreIDRAW X4 编辑后的图像转换为另外的格式并存储，通过导出文件可以将原本的矢量图形转换为位图导出，也可以将矢量图形和位图的组合共同转为位图后导

8

出，导出后的图形不能再像矢量图形一样重新编辑，要将其作为整体使用。

　　导出文件时可以将窗口中的所有图形都导出为一个新图形，也可以只导出选中的图形。

导出文件也有以下 3 种方式：

1）选择主菜单中的"文件"→"导出"命令，导出文件。

2）单击标准工具栏图标 ，导出文件。

3）使用组合键<Ctrl+E>导出文件。

例如：利用挑选工具 选中图形，再选择"文件"→"导出"命令，如图 0-14 所示。

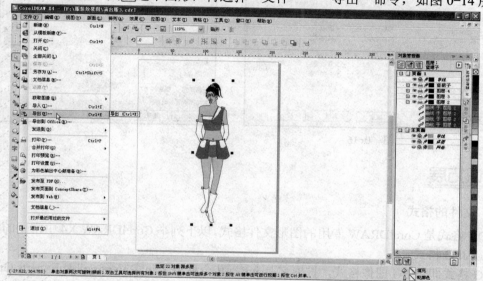

图　0-14

　　在"导出"对话框中选择导出图像的存储路径和保存类型"JPG-JPEG Bitmaps"，勾选"只是选定的"复选框，单击"导出"按钮，如图 0-15 所示。

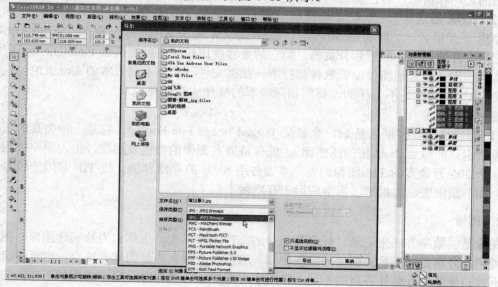

图　0-15

在弹出的"转换为位图"对话框中设置合适的图像大小，单击"确定"按钮，如图 0-16 所示。

在弹出的"JPEG 导出"对话框中，设置压缩比例等参数，单击"确定"按钮，如图 0-17 所示。

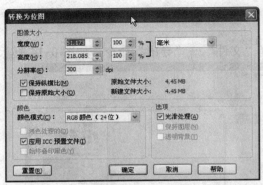

图　0-16

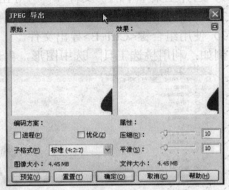

图　0-17

知识拓展

1．文件的格式

CDR 格式是 CorelDRAW 专用的图形文件格式。以下列举 CorelDRAW X4 中常用的格式。

（1）JPG 格式

JPG 格式即 JPEG 图像格式，扩展名是.jpg，其全称为 Joint Photographic Experts Group。它是利用一种失真式的图像压缩方式将图像压缩在很小的储存空间中，其压缩比率通常在 10:1～40:1 之间。这样图像可以占用较小的空间，很适合应用在网页中。JPEG 格式的图像主要压缩的是高频信息，对色彩信息保留较好，因此也普遍应用于需要连续色调的图像中。

（2）CDR 格式

CDR 图像格式，扩展名是.cdr，由于 CorelDRAW 是矢量图形绘制软件，所以 CDR 格式可以记录文件的属性、位置和分页等。但它的兼容度比较差，虽然所有 CorelDRAW 应用程序均能够使用，但其他图像编辑软件却打不开此类文件，而且不同版本的 CorelDRAW 软件所产生的 CDR 文件是不一样的，要用相同版本的软件才能打开。

（3）TIF 格式

TIF 图像格式，扩展名是.tif，全名是 Tagged Image File Format。它是一种失真的压缩格式（最高也只能做到 2～3 倍的压缩比），能保持原有图像的颜色及层次，但占用空间很大。例如一个 200 万像素的 TIF 图像，差不多要占用 6MB 的存储容量，故 TIF 常用于较专业的用途，如书籍出版、海报等，极少应用于互联网上。

2．图像

图像是以数字方式来记录、处理和保存的文件，有时人们也称它为数字化图像。图像有两种类型，分别是：矢量式图像与位图图像。这两种图像有各自的优、缺点，也有各自的特色，不过却能够相互弥补各自的不足。建议在对图像进行处理时，需要将两种形态的图像交叉使用，这样才能够达到良好的效果。

（1）矢量式与位图图像

1）矢量式图像是以数学的矢量方式来记录图像的内容，而它存储的数据称为矢量数据。矢量式图像的内容以线条和色彩为主。例如，一个图形的数据只需记录 4 个端点的坐标、图形中的粗细和颜色等即可。因此这种矢量文件所占用的空间很小，所以很容易进行放大、缩小或旋转等操作，而且不会失真。但是以这种方式储存的图像有一个致命的缺点，即很难制作颜色丰富、变化多样的图像，绘制出来的图形无法做到逼真的效果。目前制作矢量图形的软件很多，主要包括 Flash、Illustrator、CorelDRAW 等。

2）位图图像又叫点阵式图像，是矢量式图像的好帮手。它弥补了矢量式图像的缺点，使用它能够制作出色彩和亮度变化丰富的图像，并且可以逼真地再现这个世界，同时很容易在不同软件之间交换文件格式。位图图像是按照许多的不同色彩的点（也就是像素）组合成的一幅完整图像，但是由于位图图像的存储单元是像素，所以在保存文件时，需要记录每一个像素的位置与颜色信息，因此，这样就会占用很大的文件空间，造成处理速度放慢，而且在图像的缩放、旋转过程中容易产生失真。目前制作位图图像的软件包括 Photoshop、Painter、Photoimpact 等。

区分这两种图像的最好方法就是：矢量图无论放大多少倍，其画质都是清晰的，而位图则不然，如果一张位图的放大倍数超过了其存储时所允许的倍数，那么这张位图的画质就会产生明显的变化，放得越大，其位图的构成原理就会越明显（将会清晰地看到点阵的组成），画质将会出现严重问题。

（2）图像分辨率

图像分辨率就是指每英寸图像内有多少个像素，分辨率的单位为 dpi，例如 100dpi 就是表示该图像每平方英寸含有 100×100 个像素。当然不同的单位计算出的分辨率数值是不同的，用 cm 计算出的分辨率比以 dpi 为单位的分辨率数值要小得多。

分辨率的大小直接影响到图像的质量，分辨率越高，图像越清晰，并且所形成的文件也就越大，所需的计算机内存也就越大，CPU 处理的时间也会更长。所以在对图像的处理过程中，应该针对不同的用途设置不同的分辨率，才能更经济、更有效地制作高品质的图像。图像的尺寸大小、图像的分辨率和图像文件大小之间有着很密切的联系。同一个分辨率的图像，如果尺寸不同，文件大小也不同。尺寸越大，文件也就越大。同样，增加一个图像的分辨率，也会使图像文件变大。

（3）图像的色彩模式

在进行图形图像处理时，色彩模式以建立好的描述和重现色彩的模型为基础，每一种色彩模式都有它自己的特点和适用范围，我们可以按照制作要求来确定色彩模式，并且可以根据需要，在不同的色彩模式之间进行转换。下面介绍一些常用的色彩模式。

1）RGB 色彩模式。自然界中绝大部分的可见光谱可以用红、绿、和蓝三色光按不同比例和强度的混合来表示。R 代表红色，G 代表绿色，B 代表蓝色。RGB 模型也称为加色模型，通常用于光照、视频和屏幕图像编辑。RGB 色彩模式使用 RGB 模型为图像中每一个像素的 RGB 分量分配了一个 0～255 的强度值。例如：纯红色 R 值为 255，G 值为 0，B 值为 0；灰色的 R、G、B 三个值相等除了 0 和 255；白色的 R、G、B 都为 255；黑色的 R、G、B 都为 0。RGB 图像只使用三种颜色，使它们按照不同的比例混合，就可在屏幕上重现 16581375 种颜色。

2）CMYK 色彩模式。以打印油墨在纸张上的光线吸收特性为基础，图像中每个像素都是由靛青（C）、品红（M）、黄（Y）和黑（K）色按照不同的比例合成的。每个像素的每种印刷油墨会被分配一个百分比值，最亮（高光）的颜色分配较低的印刷油墨颜色百分比值，较暗（暗调）的颜色分配较高的百分比值。例如，明亮的红色可能会包含2%青色、93%洋红、90%黄色和0%黑色。在 CMYK 图像中，当所有 4 种分量的值都是 0%时，就会产生纯白色。CMYK 色彩模式的图像中包含 4 个通道，我们所看见的图形是由这 4 个通道合成的效果。在制作用于印刷色打印的图像时，要使用 CMYK 色彩模式。RGB 色彩模式的图像转换成 CMYK 色彩模式的图像会产生分色。如果用户使用的图像素材为 RGB 色彩模式，最好在编辑完成后再转换为 CMYK 色彩模式。

3）Bitmap（位图）色彩模式。位图模式的图像只由黑色与白色两种像素组成，每一个像素用"位"来表示。"位"只有两种状态：0 表示有点，1 表示无点。位图模式主要用于早期不能识别颜色和灰度的设备。如果需要表示灰度，则需要通过点的抖动来模拟。位图模式通常用于文字识别，如果扫描需要使用 OCR（光学文字识别）技术识别的图像文件，必须将图像转化为位图模式。

实战强化

1）熟悉 CorelDRAW X4 的操作界面。
2）新建一个图形文件。
3）对新建文件进行各种操作。
4）了解知识拓展内容。

项目 1　西裙款式设计

职业能力目标

1）掌握绘图环境的设置。
2）能使用矩形工具、手绘工具。
3）掌握贝赛尔工具、形状工具的使用。

项目情境

西裙俗称铅笔裙、直筒裙、一步裙，它是外形为方型的半裙（或半截裙），半裙的设计重点之一在于腰部设计。腰部设计有所变化可以增添吸引力，成功的腰带设计可以将舒适的功能性与审美风格和趣味性结合起来，产生视觉冲击力。现代半裙腰部设计的常见款式有：无腰或无腰背带式、抽带式、系带式（适合轻薄面料）、曲线式（弹性面料）、条带式（俗称装腰式，可结合裙身设计褶裥）、松紧带式（较宽阔的腰部区域增添现代裙装设计的趣味性）。半裙的设计重点之二在于口袋设计。设计口袋首先考虑的是功能性，然后再考虑其装饰性。口袋的设计应当符合半裙系列设计的主题风格，例如丝缎裙两侧采用箱式口袋和方形袋盖设计；及膝裙采用前中系纽扣门襟设计以及竖直方向的拉链口袋；牛仔裙前片则装饰两个明贴袋；印花宽褶裙配侧缝袋等。半裙设计的重点之三在于下摆设计。当你准备设计下摆时，应认真考虑面料，尝试它的强度，要注意保持其实用性和可穿度。下摆的设计要尽量符合穿着者的体形，常见的款式有不对称拼接荷叶边下摆、带状边下摆、多层下摆、不对称下摆、流苏下摆、翻折边下摆、滚边式下摆等。

项目分析

西裙具有朴实、大方的审美特征。它是服装设计中较为简单的一个款式，容易掌握，同时也是设计变化其他半裙的基础。西裙款式设计主要运用矩形工具绘制基本形，再运用形状工具进行调整。由于矩形本身是一个封闭图形可以填充颜色，但有的初学者运用绘图工具添加侧缝弧线而不是运用形状工具调整矩形。因此出现西裙绘制完成后，矩形仍然存在，填色后才能明显发现错误的问题。此时就需要运用挑选工具选中两条独立的侧缝弧线，按<Delete>键删除，再进行调整。本项目难点在于后裙衩的绘制，初次运用到修剪工具，其中的来源对象和目标对象两个概念需要在多次练习中理解，才能正确修剪对象。培养良好的绘图习惯，尽量减少错误的发生，提高绘图的质量与效率，是学好本项目的关键之一。

项目实施

1. 西裙款式设计的绘图环境及西裙款式设计的一般步骤

（1）西裙款式设计的绘图环境

1）绘图界面。打开 CorelDRAW X4，单击程序界面上的"新建文件"图标（见图 1-1）

展开一张空白图纸，默认大小为 A4，后缀为.cdr，如图 1-2 所示。

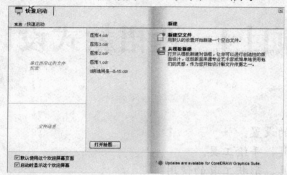

图　1-1

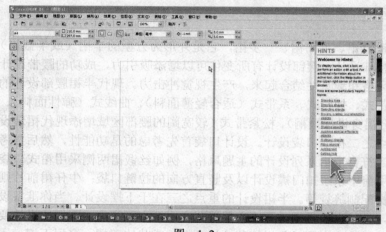

图　1-2

2）图纸的大小、方向及单位设置。

① 打开"交互式属性栏"，如图 1-3 所示。第一列是图纸规格，单击右下角的下拉按钮，展开下拉菜单，选择 A4 图纸，如图 1-4 所示。

图　1-3

② 属性栏的第三列是图纸方向设置按钮。单击其中的横向按钮，设置图纸横向摆放。属性栏中间是绘图数据单位的设置菜单，单击下拉按钮，展开绘图单位设置下拉菜单，选择"厘米"，设置绘图单位为厘米，如图 1-5 所示。

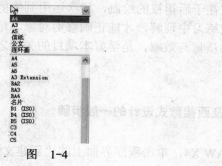

图　1-4　　　　　　　　　　　　　图　1-5

3）比例设置。

① 西裙款式设计在 A4 纸上绘图要缩小其比例。双击横向标尺，打开"选项"对话框，选择左框中的"文档"→"辅助线"→"标尺"选项，单击右下角的"编辑刻度"，如图 1-6 所示。

② 在弹出的"绘图比例"对话框中，将实际距离设置为"5.0"厘米，如图 1-7 所示，最后单击"确定"按钮，完成 1:5 的绘图比例设置。

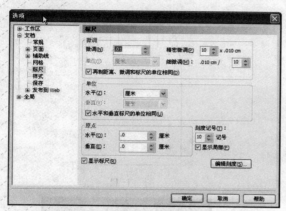

图 1-6

图 1-7

（2）西裙款式设计的一般步骤

1）绘制西裙轮廓。

双击水平标尺打开"选项"→"辅助线"→"水平"，将"水平"设置为 4、0、-10、-20、-60，"垂直"设置为-20、-15、0、15、20，打开下拉菜单中的"视图"→"对齐辅助线"。利用"矩形工具" □，将"属性栏"轮廓宽度 ⌀ 3.0 mm 设置为 3mm，绘制裙身与裙腰矩形，如图 1-8 所示。

2）修改曲线。

利用"形状工具" ↳选中裙身矩形"属性栏"转换为曲线 ⊙，移动节点如图 1-9 所示，在需要变化为曲线的部位单击"属性栏"→"转换直线为曲线" ↗，如图 1-10 所示。

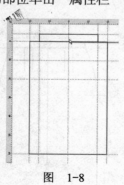

图 1-8

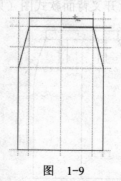

图 1-9

3）绘制裙省。

选中手绘工具 ✎，参照辅助线绘制 1 个长度为 10cm 的垂直线为裙省，选择"排列"→"变换"→"大小"，再制作 3 个裙省，分别放在两侧对称的位置，这样就完成了西裙的正面款式图，如图 1-11 所示。

4）绘制背面款式图。

① 利用挑选工具 选中整个裙子的正面款式图。按鼠标右键拖动同时按住<Ctrl>键保持水平方向至合适的位置，单击"复制"按钮再制作出一个正面款式图。利用手绘工具 在裙子中间绘制一条中线，腰头绘制成三角形，单击轮廓笔 按住不放手，选择画笔如图 1-12 所示，弹出"轮廓笔"对话框参数，其设置如图 1-13 所示。

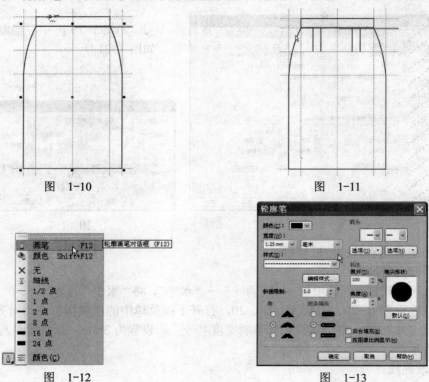

图 1-10　　　　　　　　　　　　　　　　图 1-11

图 1-12　　　　　　　　　　　　　　　　图 1-13

② 在拉链、腰围等相关部位用虚线绘制西裙的辑明线工艺，如图 1-14 所示。

5）绘制裙片开叉背面款式图（见图 1-15）。

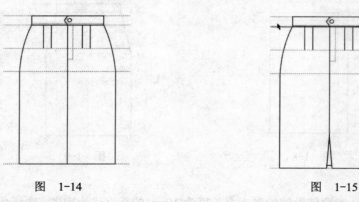

图 1-14　　　　　　　　　　　　　　　　图 1-15

① 利用形状工具 ，在后中线上距底边约 10cm 处双击增加一个节点，如图 1-16 所示。

② 双击后中线端点如图 1-17 所示，删除一段中线，留出开叉位置，如图 1-18 所示。

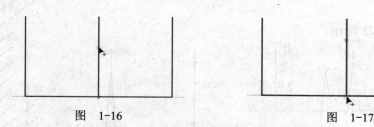

图 1-16   图 1-17

③ 单击手绘工具 按住不放手，选择贝塞尔工具 ，如图 1-19 所示，绘制一个封闭的三角形，如图 1-20 所示，利用挑选工具选中三角形，如图 1-21 所示。

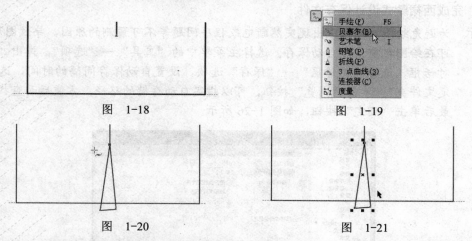

图 1-18   图 1-19

图 1-20   图 1-21

✖ 提示 运用贝赛尔工具的技巧是按照顺时针方向或者逆时针方向绘制循环封闭的线，只有封闭的图形才能填充颜色。起始点未能闭合时，可以单击属性栏 中的"自动闭合曲线"选项。

④ 选择"排列"→"造形"→"造形"，如图 1-22 所示，打开造形泊坞窗，勾选"来源对象"选项，如图 1-23 所示。

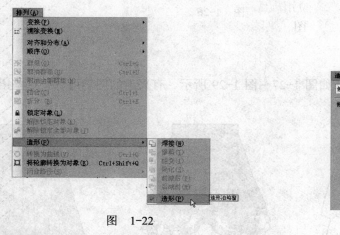

图 1-22   图 1-23

⑤ 在西裙后片任意空白处单击，完成修剪。用挑选工具移开三角形检查一下是否修剪好，如图 1-24 所示。单击标准工具栏中的 按钮恢复刚才位置，利用形状工具调整三角形底边，

完成后片开叉如图 1-25 所示。

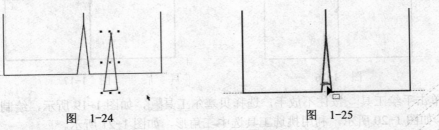

图　1-24　　　　　　　　　　　　图　1-25

2．完成西裙款式设计保存文件

✂ 提示　为避免绘图的过程中出现突然断电或程序问题等不可预测的原因，导致图形丢失。
可在绘图之前设定自动保存。选择主菜单中的"工具"→"选项"，弹出"选项"
对话框，选择"工作区"→"保存"选项，设置自动保存间隔的时间，选择"特
定文件夹"，单击"浏览"按钮，可以指定自动存储的路径，方便后面查找图形。
最后单击"确定"按钮，如图 1-26 所示。

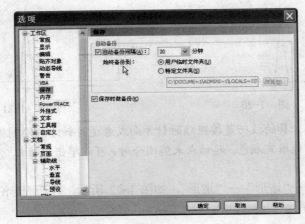

图　1-26

触类旁通

　　其他的半截裙款式设计如图 1-27～图 1-29 所示。有兴趣的同学可以按这些裙子的款式
进行设计变化。

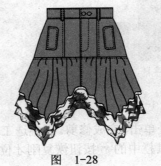
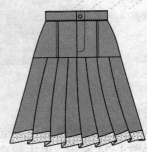

图　1-27　　　　　　　　图　1-28　　　　　　　　图　1-29

🔲 知识拓展

1.工具箱

CorelDRAW X4 中常用的绘图工具在"工具箱"中，如图 1-30 所示。单击带有黑色三角形的工具图标会弹出子菜单，子菜单带有相应的工具。后面将根据实际的操作实例分别介绍常用工具如何使用。

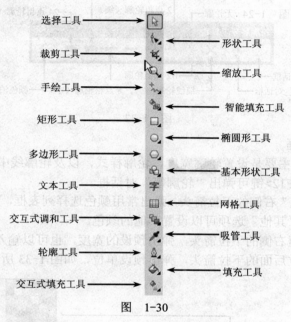

选择工具 ——→ 形状工具

裁剪工具 ——→ 缩放工具

手绘工具 ——→ 智能填充工具

矩形工具 ——→ 椭圆形工具

多边形工具 ——→ 基本形状工具

文本工具 ——→ 网格工具

交互式调和工具 ——→ 吸管工具

轮廓工具 ——→ 填充工具

交互式填充工具 ——→

图 1-30

2.下拉菜单

下拉菜单中与绘图时相对应的指令如图 1-31 所示。

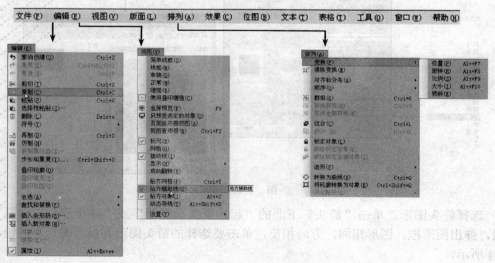

图 1-31

3.对象的轮廓编辑

（1）对象轮廓线

图形轮廓线的颜色默认设置为黑色。利用窗口右边的调色板的颜色块，并在其上单击鼠标右键，可设置当前轮廓线颜色，右击调色板上的图标⊠可隐藏轮廓线。

图形轮廓的编辑工具是轮廓工具，轮廓展开工具栏如图 1-32 所示。

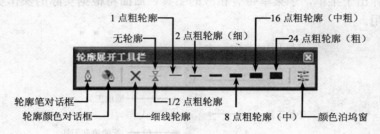

图 1-32

（2）轮廓笔对话框

"轮廓笔"对话框主要是设置轮廓宽度、轮廓样式，以及轮廓线中箭头的应用和编辑。单击"轮廓笔"或按<F12>键可弹出"轮廓笔"对话框。

单击左上角"颜色"右侧的下拉箭头，弹出常用颜色选择列表框，可以改变轮廓的颜色。颜色选择列表框中的"其他"选项可以设置其他的颜色。

单击"宽度"数值右侧的下拉箭头，弹出预设的宽度，也可以输入数值。

单击"宽度"单位后面的下拉箭头，弹出预设单位，如图 1-33 所示。

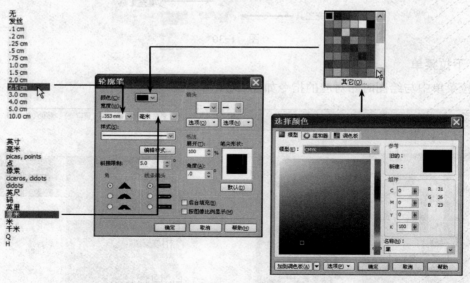

图 1-33

1）选择箭头图形：单击"箭头"下面的"起始箭头选择器"或"终止箭头选择器"下拉按钮，弹出图形框，图形相同，方向相反，单击要选择的箭头图形并按"确定"按钮，如图 1-34 所示。

2）编辑箭头：单击"选项"→"新建"，弹出"编辑箭头尖"对话框，可以编辑箭头的形状、方向、位置、大小,如图 1-35 所示。左边设置起始箭头,右边设置终止箭头。

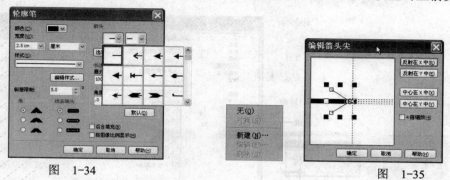

图 1-34   图 1-35

3)编辑轮廓线样式:单击"样式"下面的"编辑样式",弹出"编辑线条样式"对话框,如图 1-36 所示,从中可以看出线条的排列方式,拖动对话框中的分割符或单击空白小格子可以调整线条样式,完成后单击"添加"按钮将编辑后的样式添加到轮廓笔对话框中,如果单击"替换"则将前面所选择的样式替换为编辑后的样式,如图 1-37 所示。

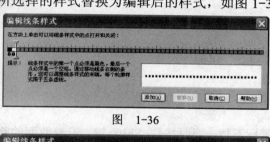

图 1-36

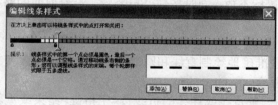

图 1-37

4.路径的绘制与编辑

从工具箱按住手绘工具,可以展开以下手绘、贝塞尔、艺术笔、钢笔、折线、3 点曲线、连接器、度量等工具,如图 1-38 所示。

(1)手绘工具

手绘工具,可以直接绘制直线或曲线。结合菜单"视图"→"设置"→"贴齐对象设置",系统会自动跟踪水平、竖直、中点、相切点等参照图形的相关部位,并有相应的符号显示,绘图时要注意利用这些功能,以方便绘图,如图 1-39 所示。

1)直线:两点确定一条直线,单击两点得到一段直线。同时按住<Ctrl>键可以绘制水平、垂直、45°方向等的直线。

2)曲线:

①单击并按住鼠标拖动,就会出现一条任意的曲线,如图 1-40 所示。

②绘制连续曲线或折线时,使终点与始点重合,可绘制出一个封闭的图形,单击调色板

21

任一颜色可得到填色效果，如图 1-41 所示。

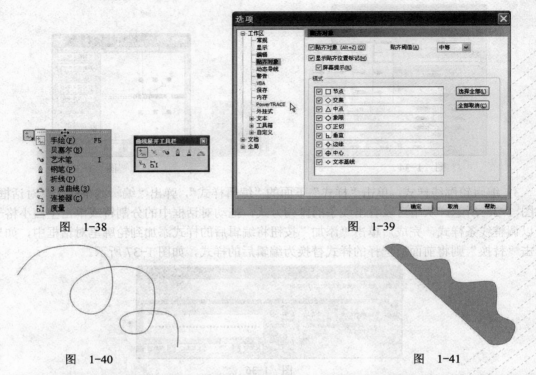

图 1-38　　　　　　　　　　　　　　　　　图 1-39

图 1-40　　　　　　　　　　　　　　　　　图 1-41

③ 绘制曲线后按住鼠标不放，同时按住<Shift>键，沿着前面的路径拖动，可擦除绘制的曲线。

（2）贝塞尔工具

贝塞尔工具可以比较准确地绘制直线和圆滑的曲线。并通过改变节点控制点的位置，来控制及调整曲线的弯曲程度。

1）直线：可以绘制一条直线或连续的折线按<空格键>结束或重新开始，连续画折线回到起点单击可得到封闭的多边形。

2）曲线：

① 单击起始点，在第二个位置再单击，并拖动鼠标。会显示一条带有两个节点和一个控制点的虚线调节杆，拖动调节弧形如图 1-42 所示。

② 单击第三点得到一条三点弧线，如图 1-43 所示。第二点可作为弧线的峰点，这是准确绘制图形的一个重要技巧。除了起点和终点，其他点都可以作为峰点或谷点。

图 1-42　　　　　　　　　　　　　　　　图 1-43

③ 第四点回到起点单击鼠标，图形自动封闭。或在另一位置单击绘制连续的弧线，如图 1-44 所示。

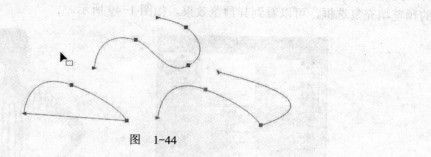

图　1-44

5. 对象填充

对象填充是指在绘制的图形内部填充不同的颜色或图案，根据填充内容的不同将其分为 5 种类型，分别为颜色填充、渐变填充、图样填充、底纹填充和 PostScript 填充。

（1）填充实色

1）基本方法。填充实色即填充纯色，最基本的方法是首先选择图形，单击软件窗口右边的"颜色"调色板中的色块，可以填充图形内部的颜色，右击色块可以填充轮廓色。

2）双击状态栏填充图标。选择图形，双击状态栏的"填充色"图标如图 1-45 所示，弹出"均匀填充"对话框，从中调整或选择颜色进行图形内部颜色的填充，双击状态栏的轮廓色图标，进行轮廓色填充。

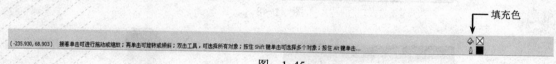

图　1-45

3）均匀填充对话框。按住工具箱中的"填充工具"图标◇，拖动鼠标单击"均匀填充"按钮，弹出"均匀填充"对话框，在对话框中选择要填充的颜色。可以根据填充图形的样式，选择最合适的设置方法，其中有三种，应用模型设置颜色如图 1-46a 所示，应用混合器设置颜色如图 1-46b 所示，应用调色板设置颜色如图 1-46c 所示。

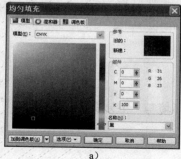
a）
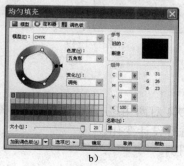
b）
c）

图　1-46

（2）填充 PostScript 底纹

PostScript 底纹是将各种线条按照一定顺序排列，进而形成各种样式的图案。该底纹图形中有彩色也有黑白，可以更改诸如大小、线宽、底纹前景和背景中出现的灰色量等参数。打开"PostScript 底纹"对话框，选择其中一种图案，如图 1-47、图 1-48 所示，勾选对话框中的预览填充复选框，可以看到其预览效果，如图 1-49 所示。

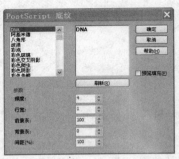

图　1-47

图　1-48

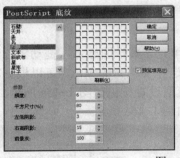

图　1-49

实战强化

1）熟悉利用 CorelDRAW X4 对西裙进行款式设计的绘图环境与一般步骤。

2）绘制西裙款式设计并进行设计变化。

3）绘制其他半截裙款式图例。

4）了解知识拓展内容。

项目 2 牛仔裤款式设计

职业能力目标

1）能灵活掌握辅助线的设置。
2）掌握挑选工具的使用及复制的技巧。
3）掌握轮廓笔的设置。
4）掌握下拉菜单"视图"、"对齐辅助线"功能的使用。

项目情境

牛仔裤又称丹宁裤。源自美国西部牛仔们穿着的服装，具有朴实、粗犷的风格和方便、实用的功能，受到许多人的喜爱，流行于世界各地。牛仔裤属于裤子中的经典样式。无论短裤或是长裤，裤子设计的重点之一是腰部。腰部是裤子的关键部位，常常根据流行趋势和古代元素来设计，常见的款式有前襟式（高腰、低腰）、腰带式、立褶式（腰部褶皱夸张可设计三粒扣）、搭襟式、抽带式、可调节扣襻式、松紧带式等。裤子设计重点之二是口袋。口袋具功能性和可行性，经常使用的口袋需要加固，以备穿用时避免被撕坏，设计时要考虑系列服装主题。常见的款式有大贴袋、箱式袋、直插袋、斜插袋、带盖明贴袋、圆袋盖口袋、袋鼠式口袋等。裤子的设计重点之三是闭合方式。闭合方式也是开口方式，具有功能性和装饰性，可以成为服装的设计焦点，同时要与其他部分融合。常用的方式有：腰带、穿绳（皮短裤或牛仔短裤）、拉链等。裤子的设计重点之四是下摆。裤子的下摆兼具功能性和时尚性，做调研和探索设计理念能够帮助设计师决定合适的款式。在设计中要平衡各个细节的比例，思考服装其他部分是怎样的，将所有想法相结合，创造出协调的、有创意的下摆设计。常见的款式有：翻折边下摆、袖口式下摆、罗纹下摆、拼接荷叶边下摆、前开衩下摆、喇叭式下摆等。

项目分析

牛仔裤款式设计主要采用贝赛尔工具进行绘制，作为第一次利用贝赛尔工具绘制服装外形轮廓，能否填充颜色是检验其成功与否的标准。根据从左至右，从上至下的原则一般按照逆时针方向循环绘制封闭图形。但有时在绘制的过程中又执行了其他的命令，导致绘制的轮廓线没有封闭而不能填充颜色，正确的方法是运用挑选工具，单击轮廓线起到激活的作用，然后再运用贝赛尔工具完成绘制。铆钉和缉明线是牛仔裤传统的装饰手法，随着时代的变迁，牛仔裤的装饰手法也变得丰富起来。除了质朴的水洗和破损等手法，刺绣、镶钻等精致风格的手法也应用于牛仔裤当中。设计师需要对这些设计元素和处理的部位进行图示以及文字说明。

■ 项目实施

下面将详细介绍利用 CorelDRAW X4 中文版对牛仔裤进行款式设计。

1．牛仔裤款式设计的绘图环境

牛仔裤款式设计的绘图环境可参见第 2 章西裙款式设计的绘图环境。

2．牛仔裤款式设计的一般步骤

（1）绘制牛仔裤轮廓

双击水平标尺打开"选项"→"辅助线"→"水平"，设置为 4、0、–10、–26、–60、–100，"垂直"设置为–18、–13、0、13、18，如图 2-1 所示。打开下拉菜单"视图"→"对齐辅助线"，单击轮廓笔工具，设置轮廓宽度 3.0 mm 为 3mm。利用"矩形工具" ，绘制裤腰矩形，利用贝塞尔工具绘制裤子外轮廓，如图 2-2 所示。

图 2-1

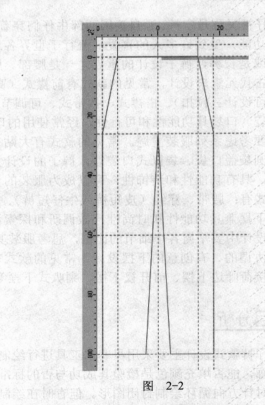

图 2-2

（2）修改曲线、绘制后袋

利用"挑选工具"，选中裤腰矩形，单击"属性栏"转换为曲线 ，利用"形状工具" ，在需要变化为曲线的部位单击，并进行调整，如图 2-3 所示。利用"矩形工具" ，绘制牛仔裤后袋矩形，宽度约为 9cm，高度约为 10cm 的矩形，利用"形状工具" 选中后袋矩形，单击"属性栏"转换为曲线 ，进行调整的效果如图所 2-4 所示。

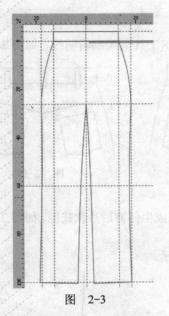

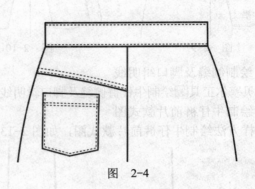

图　2-3

图　2-4

（3）绘制分割线及缉明线

选中后袋进行旋转，选中贝塞尔工具 ✏ 绘制臀部飞机头形状分割线。单击轮廓笔工具 ✎，
按住不松手，选择画笔如图 2-5 所示，弹出"轮廓笔"对话框，其参数设置如图 2-6 所示。
在腰头、飞机头、后袋等相关部位用虚线绘制牛仔裤的缉明线，如图 2-7 所示。挑选工具，
选中后袋及分割线，按<Ctrl>键将鼠标放在左中编辑节点上，如图 2-8 所示。

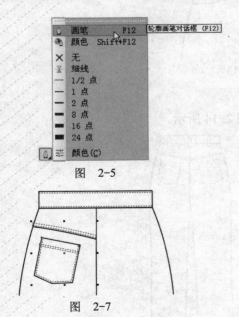

图　2-5

图　2-6

图　2-7

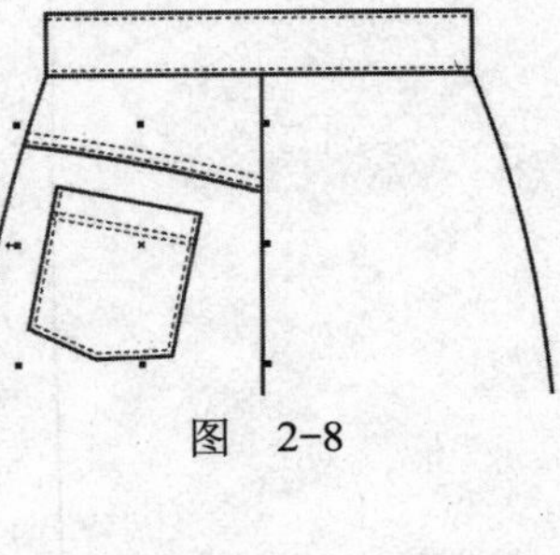

图　2-8

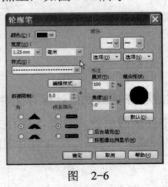

（4）复制后袋及分割线

接上一步骤，按住<Ctrl>键拖动鼠标保持水平方向至合适的位置，如图 2-9 所示。对称
复制出右侧后袋及分割线，如图 2-10 所示。

（5）绘制裤袢

利用"矩形工具" □，绘制牛仔裤裤袢并利用贝塞尔工具 ◣绘制辑明线，如图2-11所示。

图　2-9　　　　　　图　2-10　　　　　　图　2-11

（6）绘制侧缝及脚口缉明线

利用贝塞尔工具 ◣绘制牛仔裤侧缝及脚口辑明线，完成牛仔裤后片款式图，如图2-12所示。

（7）绘制牛仔裤前片款式图

用同样方法绘制牛仔裤前片款式图，如图2-13所示。

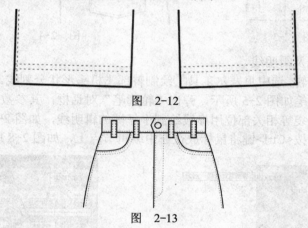

图　2-12

图　2-13

3．完成牛仔裤款式设计保存文件

完成牛仔裤前后款式设计，保存文件，如图2-14所示。

图　2-14

■ 触类旁通

　　其他裤子款式设计如：西裤、松紧头裤、休闲裤、运动裤如图 2-15～图 2-18 所示，可以按这些裤子的款式图样进行设计变化。

✂ 提示　休闲裤和运动裤为中低腰款，因此直裆的距离要短。单击"辅助线"→"水平"，
　　　　并设置为 4、0、-10、-20、-60、-100 比较合适。

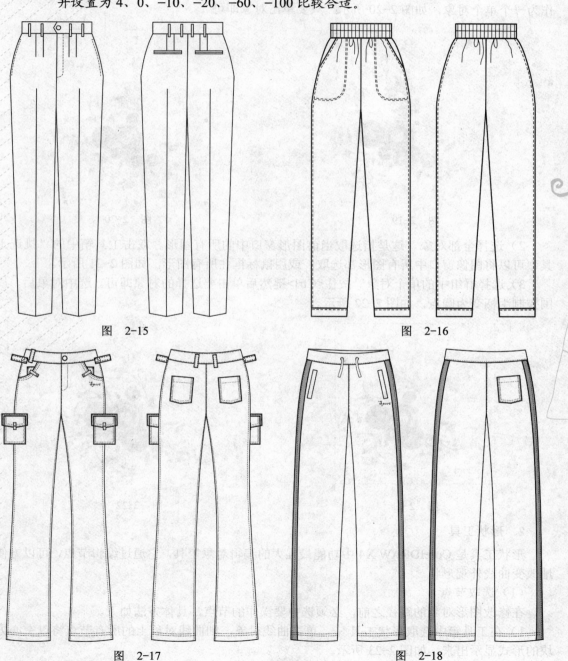

图　2-15　　　　　　　　　　　　　　　　图　2-16

图　2-17　　　　　　　　　　　　　　　　图　2-18

■ 知识拓展

1．挑选工具

工具箱中的挑选工具 ，主要是用来选择对象的。

1）选择单个对象。所选对象可以是单个图形，如图 2-19 所示。也可以将群组后的图形作为一个单个对象，如图 2-20 所示。只要单击对象即可。

图 2-19　　　　　　　　　　　　　　　　　图 2-20

2）选择全部对象。这是指选取当前图形窗口中的所有图形。双击工具箱中的"挑选工具"可以将图像窗口中所有图形都选取。或用鼠标框住所有图形，如图 2-21 所示。

3）选择群组中的单个对象。按住<Ctrl>键然后单击要选择的对象即可。选中对象后，周围控制手柄变为圆点，如图 2-22 所示。

图 2-21　　　　　　　　　　　　　　　　　图 2-22

2．形状工具

形状工具是 CorelDRAW X4 中功能最强大的编辑对象工具，它通过编辑节点，可以方便地改变曲线外观形状。

（1）选取节点

在修改图形对象的路径之前，必须选中要操作的节点，具体方法如下。

1）在工具箱中选取形状工具 ，单击曲线对象，则曲线对象上的所有节点将以空心方块的形式显示出来，如图 2-23 所示。

2）将光标移至某个节点上并单击，即可选中该节点。如果选中曲线节点，节点会呈蓝色实心方块状并显示节点控制柄，且其相邻节点也会显示出靠近节点的那个控制柄，如图 2-24 所示。

3）如果要选择多个节点，可按住<Shift>键，并使用鼠标逐个单击要选择的节点，如图 2-25 所示。

4）选中对象后，选择"编辑"→"全选"→"节点"或单击鼠标左键框住所有节点，选中对象上所有节点，如图 2-26 所示。

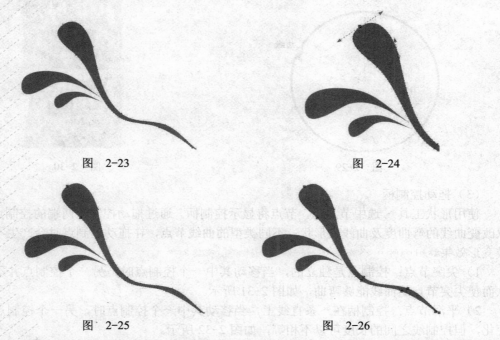

图　2-23　　　　　　　　　　　　　　　图　2-24

图　2-25　　　　　　　　　　　　　　　图　2-26

✂ 提示　取消节点的选择，只需在对象外单击鼠标；如果仅取消多个选定节点中的某个节点，应按住<Shift>键，并选择形状工具，单击要取消选择的节点即可。

（2）修改曲线

使用形状工具 🔧 单击要编辑的对象，便可显示对象上的所有节点。选中要编辑的节点并进行拖动，即可改变图形形状。

1）拖动曲线对象上的节点，可调整曲线形态，如图 2-27 所示。

2）拖动矩形四周的节点，可改变矩形 4 个角的圆角程度，如图 2-28 所示。

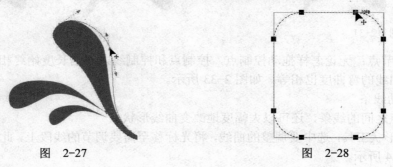

图　2-27　　　　　　　　　　　　　　　图　2-28

3）选中圆形时，将显示出一个节点，通过向圆形外部或内部移动该节点，可将圆形转变为一个弧形或封闭的扇形，如图 2-29 所示。

4）如果选取位图图像，可通过移动其四周节点的位置，将不要的图像部分切除，如图 2-30 所示。

✂ 提示　如果选择了多个节点，只要在任何一个节点上，按住鼠标并拖动，则其他几个被选节点将同时移动相同的位移。

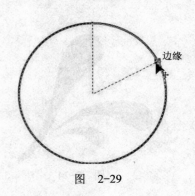

图　2-29　　　　　　　　　　　　　　　　　图　2-30

（3）拖动控制柄

使用形状工具 ⬐ 选中节点后，节点将显示控制柄。通过拖动控制柄两端的控制点，也可以改变曲线的弯曲度及曲线段形状。不同类型的曲线节点，在拖动控制点时会产生不同的曲线变形效果。

1）尖突节点：控制点是独立的，当移动其中一个控制点时，另一个控制点并不移动，从而使尖突节点的曲线能够弯曲，如图 2-31 所示。

2）平滑节点：控制柄在一条直线上，当移动其中一个控制点时，另一个控制点也随之变化，但控制线之间的长度可以不相等，如图 2-32 所示。

图　2-31　　　　　　　　　　　　　　　　　图　2-32

3）对称节点：无论怎样拖动控制点，控制点和控制线之间的长度始终相等，从而使对称节点两边曲线的弯曲度也相等，如图 2-33 所示。

（4）拖动线条

拖动节点之间的线条，还可以大幅度地改变曲线形状。

1）选择形状工具，选中要调整的曲线，将光标移至需要调节的线段上，此时光标变为 ▶▙ 状，如图 2-34 所示。

图　2-33　　　　　　　　　　　　　　　　　图　2-34

2）按下并拖动鼠标，曲线即随着光标移动的方向而改变形状，如图 2-35 所示。

（5）添加和删除节点

通过在路径上添加或删除节点来改变曲线形状。

1）添加节点：选择形状工具，在要添加节点处双击，即可添加一个节点，如图 2-36 所示。

2）删除节点：选择形状工具，双击节点，或选择节点后按<Delete>键。

图　2-35　　　　　　　　　　　　　　　　　图　2-36

（6）编辑曲线

使用形状工具，通过属性栏对路径和节点进行全面编辑，如图 2-37 所示。

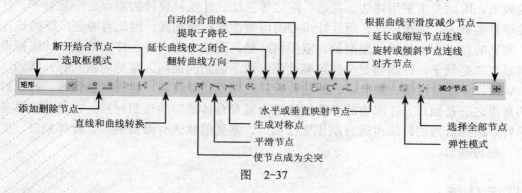

图　2-37

实战强化

1）熟悉利用 CorelDRAW X4 对牛仔裤进行款式设计的绘图环境与一般步骤。

2）绘制牛仔裤款式设计并进行设计变化。

3）绘制运动裤和休闲裤等其他裤子款式图例。

4）了解知识拓展内容。

项目3 针织衫款式设计

1）能熟练掌握图片的导入。
2）能熟练掌握贝赛尔工具及形状工具的使用。
3）能熟练掌握设置辅助线并结合下拉菜单"视图"→"对齐辅助线"。
4）能掌握"造形"菜单，进行图形的修剪。

任务1 女式圆领衫款式设计

任务情境

针织衫是用针织面料制作的上衣，如针织背心、T恤、羊毛衫等，质地柔软、弹性大。传统针织衫的主要品种为内衣，现在已经扩大到时装领域。织机针数和结构的调整可以设计色调和谐、风格独特且变化丰富的款式。前胸部位设置图案是针织衫款式设计的常用手法。由于针织面料的边沿容易发生包卷，常常会影响裁剪和缝制，但利用好了也能产生特殊的效果。因此要多采用拷边、花边、滚边等手法。针织衫设计的重点之一是袖子。针织衫袖子种类繁多，选择广泛，而且针织衫的可塑性比机织物强，因此有着更广泛的设计空间。常见的款式有一片袖、泡泡袖、双层荷叶袖、连袖、盖肩袖、打褶装袖。针织衫设计的重点之二是领子。针织物是一种可塑性强、适于创新的面料，常见的款式有：圆领、方领、V领、罗纹青果领、裸肩领、钥匙孔领、兜帽领、罗纹领、翻领和驳领等。针织衫设计的重点之三是袖口。针织物的弹性使其成为紧身合体袖口的理想材料，它能够紧贴手腕和手臂。选择恰当的针法也适合制作宽松袖口。常见的款式有缩褶袖口、合体袖口、罗纹袖口、翻边袖口。

任务分析

女式圆领衫款式设计与前面两个项目所介绍的方法不同的是：主要运用导入图片的方式进行设计绘制，然后在图片的基础上使用贝赛尔工具将服装的款式描绘出来，进行设计变化以及填充颜色等设计任务。这一方法对于设计师的美术功底要求略低，结合数码相机和扫描仪能起到方便快捷的作用，达到事半功倍的效果。

任务实施

下面将详细介绍利用 CorelDRAW X4 中文版对针织衫进行款式设计。

1. 针织衫款式设计的绘图环境

针织衫款式设计的绘图环境,详见第2章西裙款式设计的绘图环境

2. 针织衫款式设计的一般步骤

(1) 设置辅助线

导入女式圆领衫图片。单击标准工具栏"导入" 🖱 导入女式圆领衫图片,放在页面中,缩放到合适的大小,如图3-1所示。以针织衫的各个部位为基准,分别单击并拖动窗口界面中的水平标尺和垂直标尺,拖动辅助线至合适的位置,如图3-2所示。

✂ 提示 女式圆领衫的图片左右不对称,选择一边为基准,尽量使垂直辅助线左右对称。

图 3-1

图 3-2

(2) 绘制针织衫轮廓

单击"轮廓笔" 🖊 按住不松手,选择画笔如图3-3所示,弹出对话框并按"确定"按钮,在随后弹出的"轮廓笔"对话框中设置轮廓笔宽度为3.0 mm,其他选项设置如图3-4所示。

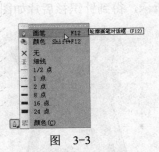

图 3-3

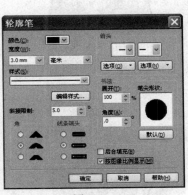

图 3-4

(3) 利用贝塞尔工具 🖊 绘制针织衫的外轮廓线如图3-5所示。利用形状工具 ◣,对轮廓线进行调整,如图3-6所示。

图　3-5　　　　　　　　　　　　　　　图　3-6

✂ 提示　　单击下拉菜单"视图"→"对齐辅助线"可提高作图的精确度。

3. 绘制后片

1）利用贝塞尔工具 根据后领口形状绘制图形，在前领口部位随意绘制的原则是大过前领口。利用形状工具 ，对曲线进行调整，如图 3-7 所示。

图　3-7

2）选择衣片如图 3-8 所示。选择下拉菜单中的"排列"→"造形"→"造形"选项，打开造形泊坞窗并勾选保留原件中的"来源对象"，单击"修剪"按钮，如图 3-9 所示。

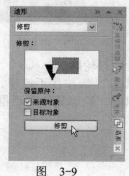

图　3-8　　　　　　　　　　　　　　　图　3-9

3）在后领口部位任意处单击鼠标，如图 3-10 所示，得到针织衫后片如图 3-11 所示。

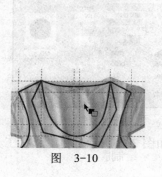

图　3-10　　　　　　　　　　　　　　　图　3-11

4．绘制袖子

1）用以上同样方法。用贝塞尔工具绘制左袖并镜像复制一个为右袖，如图 3-12 所示。

2）选择衣片，打开造形泊坞窗并勾选保留"来源对象"，单击"修剪"，在左袖上单击，修剪左袖。选择衣片，单击"修剪"按钮，在右袖上单击，修剪右袖，得到两个袖子，如图 3-13 所示。

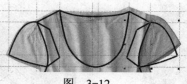 

图 3-12　　　　　　　　　　图 3-13

3）运用同样的方法绘制袖底滚边如图 3-14 所示。

✂ 提示　袖底滚边处在袖子与衣片夹角位置，用贝塞尔工具绘制时图形可穿过衣片和袖子如图 3-15 所示，修剪时分别先选择衣片再选择袖子对其进行二次修剪。

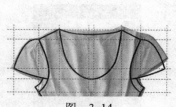 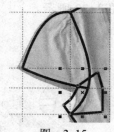

图 3-14　　　　　　　　　　图 3-15

5．绘制针织衫内部结构线和衣纹

1）单击"轮廓笔" 按住不放手，选择画笔如图 3-16 所示，弹出"轮廓画笔"对话框，按"确定"按钮，在随后弹出的"轮廓笔"对话框中设置轮廓笔宽度为 1.25 mm，其他选项设置如图 3-17 所示。

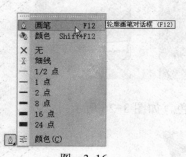 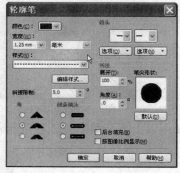

图 3-16　　　　　　　　　　图 3-17

2）选择贝塞尔工具，绘制领口、袖口及下摆辑明线。利用形状工具，进行曲线调整。门襟处用折线表示半开襟，粗细同外轮廓，利用椭圆形工具绘制三粒纽扣。

3）单击"轮廓笔"工具，设置轮廓笔宽度为 1.25 mm，样式为实线。选择贝塞尔工具，绘制袖山的衣纹，完成灯笼袖的绘制如图 3-18 所示。绘制腰部衣纹如图 3-19 所示。

6. 绘制针织衫腰带

1）利用贝塞尔工具 ，根据图片绘制在衣纹中穿过的细腰带，一节一节单独绘制如图 3-20 所示。

图 3-18

图 3-19

图 3-20

2）选择挑选工具并按<Shift>键，选择腰带两边的衣纹如图 3-21 所示。单击下拉菜单 "排列" → "造形" → "造形"，打开造形泊坞窗并勾选保留 "来源对象"，单击 "修剪" 按钮，如图 3-22 所示。

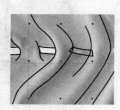
图 3-21

图 3-22

3）在腰带任意处单击鼠标，完成修剪如图 3-23 所示。用挑选工具选中腰带，单击下拉菜单 "排列" → "打散曲线"，如图 3-24 所示。分别用挑选工具选中不要的部分，按<Delete>键删除后如图 3-25 所示。

图 3-23

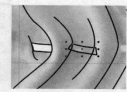
图 3-24

图 3-25

4）使用以上方法绘制完成整条腰带，并填充白色，如图 3-26 所示。

图 3-26

✂ 提示　可以利用贝塞尔工具绘制整条腰带再选择腰部衣纹进行修剪。

7. 针织衫填充颜色

单击工具箱中的滴管工具，在针织衫的图片中找到所需颜色并单击鼠标，如图 3-27 所示。按住<Shift>键在针织衫款式图中的袖子、袖底、衣片后片等处单击鼠标，填充颜色如图 3-28 所示。

8. 完成针织衫款式设计（见图 3-29），保存文件

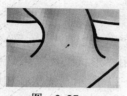

图 3-27

图 3-28

图 3-29

任务 2 男扁机领 T 恤款式设计

■任务情境

扁机是针织物的一种，一般较圆筒机粗针，多用于毛衫织片上。扁机是以一寸内有几只针来表示机种的，比如常见的 3 针扁机，一寸内只有 3 支针，还有 5 针机、7 针机、12 针机、14 针机，数越大织出来就越细，数越小织出来就越粗。扁机领是针织罗纹组织，针织领及袖或者下脚，也常常使用扁机，因为它可以织出所需的尺码，无须裁剪。在男装 T 恤设计中应用广泛。现代常见的男针织衫设计理念是：用稍低的 U 型领口使盘旋线缝 T 恤焕然一新。斜线裁剪 U 领 T 恤，把玩设计纹理与形状；用提花针织塑造不透明与半透明条纹。把玩口袋布局与彩色抽线头，凸显装饰效果；为尼龙漏斗领添加微孔涂层，营造透气效果；用可翻过来穿的超细平针织打造双层 T 恤；用肩部省道镶嵌，手肘补丁和方便口袋加固针织衫；增添披肩领、袋鼠口袋和抽绳边缘；为简约羊毛衫上衣注入新颖元素；将顺滑绒面与罗纹部分形成对比，营造淡淡的触感效果；在 Y 字领的衣袖上添加条带，重新演绎普通的基本款式 T 恤；以华丽罗纹技术打造双色的提花条纹。柔软的竹棉 T 恤凸显了夏季的醒目；把平式锁缝针迹延伸至抓绒面料上，营造出修饰效果；为条纹 POLO 衫增添错搭丹宁口袋，呈现意趣对比。将镶嵌、提花、罗纹镶嵌和纹理拼贴相结合，展现针织工艺混搭。

■任务分析

男扁机领 T 恤款式设计主要运用矩形工具绘制基本形，再运用形状工具进行调整。首先处理肩斜与袖子的形状，肩宽、肩斜比例适当，袖子长度适当，袖口处呈直角造型。本项目难点在于领子的绘制，男扁机领 T 恤领子可以绘制成简单对称的翻领。实例中的领子一边敞开，形状两边呈不对称形，初学者较难掌握，要注意掌握原则即两边前领口弧线要保持基本一致。半开襟的部位容易出错的地方一是长宽比例，二是缉明线的表示，翻折的位置缉明线处理要符合常理。

39

■任务实施

下面将详细介绍利用 CorelDRAW X4 中文版对男扁机领 T 恤进行款式设计。

1．男扁机领 T 恤款式设计的绘图环境

男扁机领 T 恤款式设计的绘图环境，详见西裙款式设计的绘图环境。

2．男扁机领 T 恤款式设计的一般步骤

（1）绘制男扁机领 T 恤的基本轮廓

单击"轮廓笔"工具，设置轮廓宽度 △ 3.0 mm ▼ 为 3 mm。利用"矩形工具" □，绘制矩形，宽度约为 16cm，高度约为 60cm 的矩形，如图 3-30 所示。利用"形状工具" ，选中矩形，单击"属性栏"转换为曲线 ，添加肩颈点和腋窝点，如图 3-31 所示。依次添加肩端点、袖长点等，并进行调整得到男扁机领 T 恤的基本轮廓图形，如图 3-32 所示。

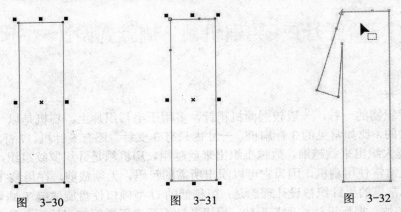

图　3-30　　　　　　　图　3-31　　　　　　　图　3-32

（2）绘制男扁机领 T 恤轮廓

利用"形状工具" ，调低肩端点，调整领窝弧线，调整男扁机领 T 恤的基本轮廓图形如图 3-33、图 3-34 所示。利用贝塞尔工具绘制肩端轮廓线及袖口辑明线，设置虚线宽度为 1.5 mm，如图 3-35 所示。

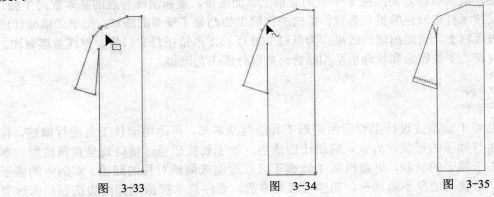

图　3-33　　　　　　　图　3-34　　　　　　　图　3-35

（3）完成男扁机领 T 恤轮廓

选中男扁机领 T 恤轮廓图形，单击下拉菜单"排列"→"变换"→"比例"。在"变换"

泊钨窗中设置"水平镜像"→"勾选右中"→"应用到再制",如图 3-36 所示。镜像复制男扁机领 T 恤轮廓,单击键盘左方向键两次,将复制的图形向左移动一点,如图 3-37 所示。单击下拉菜单"排列"→"造型"→"造型"→"焊接",单击左侧图形得到男扁机领 T 恤的轮廓图形,如图 3-38 所示。

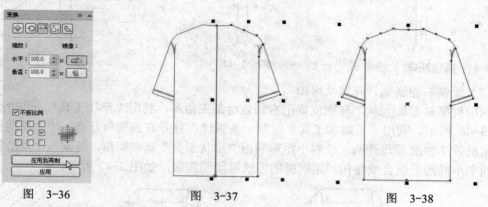

图 3-36 图 3-37 图 3-38

(4)绘制男扁机领 T 恤后领

选择"贝塞尔工具"并在领口部位绘制男扁机领 T 恤领子轮廓,如图 3-39 所示。选中男扁机领 T 恤轮廓图形,单击下拉菜单"排列"→"造型"→"造型",弹出对话框选择"修剪",单击"修剪"按钮后光标对准男扁机领 T 恤领子空白处并单击,得到完整的后领图形,如图 3-40 所示。

图 3-39 图 3-40

(5)绘制男扁机领 T 恤前领与过肩

利用挑选工具按住纵向标尺,拖出一垂直辅助线在中心位置。利用"贝塞尔工具"分别绘制男扁机领 T 恤左右前领,利用"形状工具"进行调整男扁机领 T 恤前领轮廓图形,填充白色,如图 3-41 所示。利用"贝塞尔工具"绘制男扁机领 T 恤过肩及过肩缉明线,如图 3-42 所示。

图 3-41 图 3-42

(6)绘制左侧底领与开胸(半开襟)

利用"矩形工具"绘制矩形,宽度约为 4cm,高度约为 28cm 的矩形,选择"转换为曲线",如图 3-43 所示。利用"形状工具"进行调整,如图 3-44 所示。利用"贝塞尔工具"绘制一条弧线,完成男扁机领 T 恤底领,如图 3-45 所示。后领领脚处绘制捆边线,如果是撞色则要绘制封闭的图形。

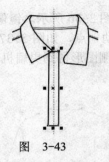

图 3-43　　　　　　　　　　图 3-44　　　　　　　　　图 3-45

（7）绘制右侧底领、开胸及纽扣

利用贝塞尔工具 从半开胸位置至右领处绘制三角形，利用"形状工具" 进行调整，如图 3-46 所示。利用"贝塞尔工具"绘制一条弧线，分开右底领与开胸，绘制缉明线，完成男扁机领 T 恤底领与开胸。绘制小矩形利用"形状工具"修成圆角，复制一个同心圆角矩形与四个小椭圆形组合成纽扣，用同样的方法可绘制纽眼，如图 3-47 所示。

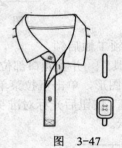

图　3-46　　　　　　　　　　　　图　3-47

（8）绘制男扁机领 T 恤胸袋

利用"矩形工具" 绘制矩形，宽度约为 8cm，高度约为 9cm 的矩形，选择"转换为曲线"，如图 3-48 所示。利用"形状工具" 进行调整，如图 3-49 所示。利用"贝塞尔工具"绘制胸袋缉明线，如图 3-50 所示。

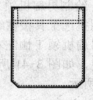

图　3-48　　　　　　　　图　3-49　　　　　　　　图　3-50

（9）完成男扁机领 T 恤

将胸袋群组放在合适的位置，填充协调的颜色完成男扁机领 T 恤款式设计，如图 3-51 所示。

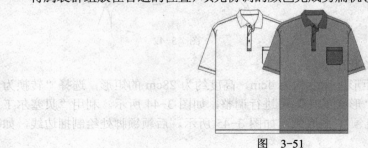

图　3-51

■触类旁通

　　其他针织衫款式设计如图 3-52～图 3-64 所示。可以按这些针织衫的款式图进行设计变化。

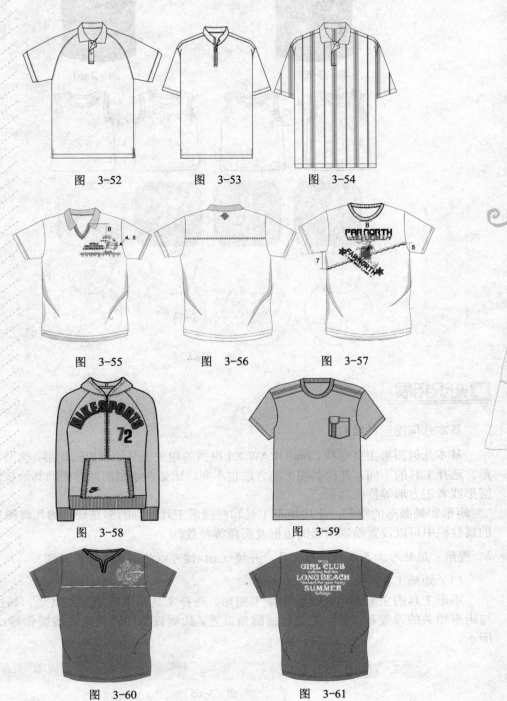

图　3-52　　　　　　　图　3-53　　　　　　　图　3-54

图　3-55　　　　　　　图　3-56　　　　　　　图　3-57

图　3-58　　　　　　　图　3-59

图　3-60　　　　　　　图　3-61

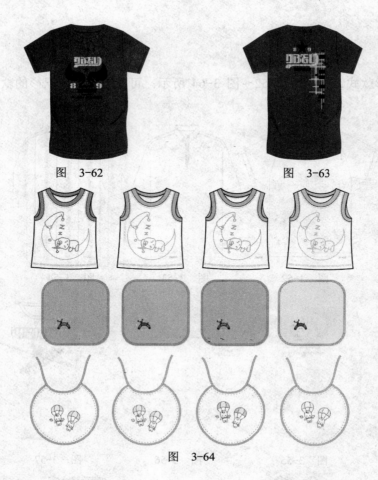

图 3-62   图 3-63

图 3-64

📖 知识拓展

基本几何图形的绘制

基本几何图形主要是指 CorelDRAW X4 提供的相关工具绘制出的矩形、椭圆等多边形图形。选择工具的不同，其绘制图形的方法也不同，比如在绘制的同时借助其他按键，形成正圆形或者正方形等特殊效果。

矩形和椭圆形的绘制：应用矩形工具和椭圆形工具绘制的都是规则的几何图形，在相应的属性栏中可以设置绘制图形的边框及圆角等参数。

✂ 提示   用矩形工具或椭圆形工具，并按<Ctrl>键可以绘制正方形或正圆。

（1）矩形工具

矩形工具的主要作用就是绘制矩形图形。选择工具箱中的矩形工具▢，属性栏显示出与矩形相关的设置和操作，主要包括圆角设置，边框设置和转换为曲线操作等，如图 3-65 所示。

| x: 37.788 mm | ↔ 42.053 mm | 47.3 % 🔒 | ↻ .0 | | 0 ▾▴ 0 ▾▴ 🔒 | | 🗗 △ .071 cm | 🔲 |
| y: 255.292 mm | ↕ 39.579 mm | 47.3 % | | | 0 ▾▴ 0 ▾▴ | | | |

图   3-65

✂ 提示　双击工具箱中的"矩形工具"，可以创建一个和页面相同大小的矩形，而且位于页面的中心位置上。

矩形工具不仅可以绘制矩形图形，也可以绘制圆角矩形。对于绘制出的矩形图形，可以应用调色板填充上合适的颜色并设置边框效果。绘制一个普通的矩形，如图 3-66 所示，然后在矩形工具属性栏中设置圆角的弧度参数，在数值框中输入数值 20，使矩形的四角弯曲形成一定的弧度，如图 3-67 所示。输入的数值越大，圆角的效果也就越明显，将数值设置为 50 后的矩形效果如图 3-68 所示。

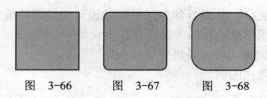

图 3-66　　　图 3-67　　　图 3-68

按住矩形工具按钮，选择 3 点矩形工具，可以绘制倾斜的矩形和正常的矩形。其使用方法和矩形工具有一些差异，单击"3 点矩形工具" 🔲，然后在页面中单击并拖动鼠标，如图 3-69 所示。释放鼠标再拖动图形，到适当的位置单击即完成矩形绘制，如图 3-70 所示。此时如果按住<Ctrl>键，释放鼠标并单击可绘制出正方形，如图 3-71 所示。

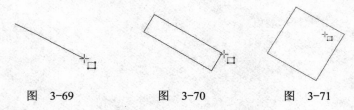

图 3-69　　　图 3-70　　　图 3-71

（2）椭圆形工具

椭圆形工具可以绘制三种类型的图形，可以在属性栏中对绘制完成的椭圆形进行设置，实现这三类图形之间的切换。应用椭圆形工具绘制的默认图形为椭圆，如图 3-72 所示。单击该工具属性栏中的"饼形"按钮，椭圆图形变为饼形，如图 3-73 所示。单击属性栏中的"弧形"按钮则转换为圆弧图形，如图 3-74 所示。修改属性栏中的起始和结束角度的数值参数，还可以改变圆饼和圆弧的开口大小。

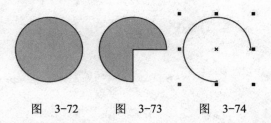

图 3-72　　　图 3-73　　　图 3-74

按住椭圆形工具按钮，选择 3 点椭圆形工具，可以绘制倾斜的椭圆形和正圆图形。其使用方法和椭圆形工具有一些差异，单击"3 点椭圆形工具" 🔧，然后在页面中单击并拖动鼠标，如图 3-75 所示。释放鼠标再拖动图形，到适当的位置单击即完成椭圆形绘制，如图 3-76 所示。此时如果按住<Ctrl>键，释放鼠标并单击可绘制出正圆图形，如图 3-77 所示。

图 3-75 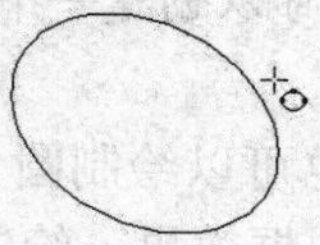　　　　　　　图 3-76 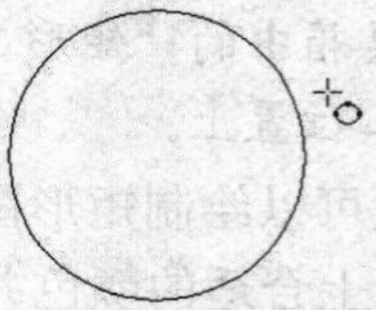　　　　　　　图 3-77

■实战强化

1）熟悉利用 CorelDRAW X4 对针织衫进行款式设计的绘图环境与一般步骤。

2）绘制女式无领针织衫款式设计并进行设计变化。

3）绘制男扁机领 T 恤款式设计并进行设计变化。

4）绘制其他针织衫款式图例。

5）了解知识拓展内容。

项目 4　女式圆角单粒扣西服款式设计

1) 能熟练掌握菜单中"排列"→"变换"→"比例"对图形进行镜像。
2) 能熟练掌握下拉菜单"视图"→"对齐对象"。
3) 能掌握下拉菜单"排列"→"造形"→"造形"→"相交"。

项目情境

西服源于欧洲是社交正式场所中男士们穿着的服装。女式西服的种类根据款式特点和用途不同，可分为日常西服（包括西服背心、西服和西裤三个部分）、礼服西服（夜晚穿着的晚礼服、白天穿着的晨礼服、夜晚准礼服）和西便装（新潮西便装）三类。根据高级成衣面料流行趋势，本季的主题之一是挺括，能脱离身体并塑型优良的硬挺面料，一些设计师依然在做进一步的开发，如女士披肩、郁金香裙、夸张的袖子等，科技的进步影响着西服款式设计上的变化：垫肩元素凸显硬挺肩形，呈现淑女力量；在设计中嵌入皮革或是硬梭织布片，彰显硬朗的建筑元素；用经典男装剪裁打造女装设计，束紧量感外套，凸显不对称造型。用羊毛织绒等传统男装面料打造硬挺的轮廓造型；利用富有未来风格的剪裁技术将泡泡袖改良成尖角造型；把玩缝省设计及量感剪裁，使建筑式剪裁更为圆润。

项目分析

女式圆角单粒扣西服是根据西服变化而来，属于近年较流行的日韩风淑女装。集时尚、休闲、端庄大方于一体，受广大女性喜爱。以矩形工具绘制基本形完成女式圆角单粒扣西服款式设计。根据传统西服在领、袖、衣长等基本比例上稍做变化，衣长较短，门襟、驳领等方面也做了一些改变。衣片口袋位置进行了直线分割，面料、色彩则按照各人的喜爱自由选择，在设计时还需分析流行趋势，使设计出的西服既符合一定的穿着用途，又能体现时尚的风貌。近几年全国中职服装技能大赛常以女式时尚休闲上衣（即变化的女式小西服）为考题，进行电脑款式图设计、出样、放码、排版等相关竞赛。

项目实施

下面将详细介绍利用 CorelDRAW X4 中文版对女式圆角单粒扣西服进行款式设计。

1. 女式圆角单粒扣西服款式设计的绘图环境

女式圆角单粒扣西服款式设计的绘图环境。详见第 2 章中的西裙款式设计的绘图环境。

2. 女式圆角单粒扣西服款式设计的一般步骤

（1）绘制西服后片轮廓

单击轮廓笔工具，设置轮廓宽度 △ 3.0 mm 为 3mm。利用"矩形工具" □ 绘制宽度约为

20cm，高度约为 50cm 的矩形，利用"形状工具" ![] 选中矩形，单击"属性栏"转换为曲线 ![]，进行调整得到西服基本轮廓图形如图 4-1 所示。选中图形，单击下拉菜单"排列"→"变换"→"比例"弹出对话框设置如图 4-2 所示。单击"应用到再制"按钮，得到如图 4-3 所示图形，将两个图形焊接得到西服后片外轮廓，勾选保留目标对象，如图 4-4 所示。

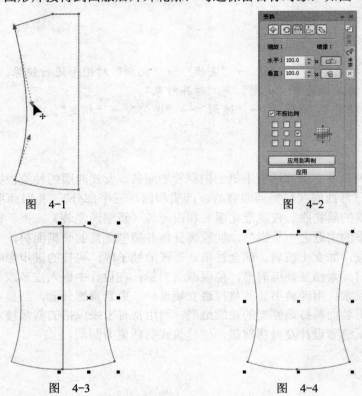

图　4-1　　　　　　　　　　　　　　　　图　4-2

图　4-3　　　　　　　　　　图　4-4

（2）绘制西服前片轮廓

利用"形状工具" ![]，进行调整所保留的西服前片轮廓图形如图 4-5 所示。对前衣片轮廓图形进行填充白色，如图 4-6 所示。

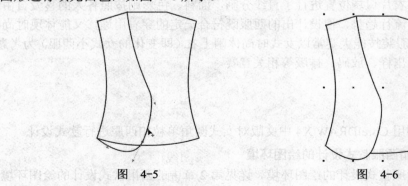

图　4-5　　　　　　　　　　图　4-6

（3）绘制西服袖子与分割线

单击下拉菜单"视图"→"对齐对象"。选中贝塞尔工具 ![] 绘制西服袖子如图 4-7 所示，选中前衣片对袖子进行修剪，并利用贝赛尔工具添加前片分割线如图 4-8 所示。

（4）绘制西服领

选中贝塞尔工具 并在领口部位绘制西服领子轮廓如图 4-9 所示，选中西服领子轮廓图形，单击下拉菜单"排列"→"造形"→"造形"，弹出对话框选择"相交"，如图 4-10 所示。单击"相交"按钮后光标对准西服前衣片空白处再单击，如图 4-11 所示。

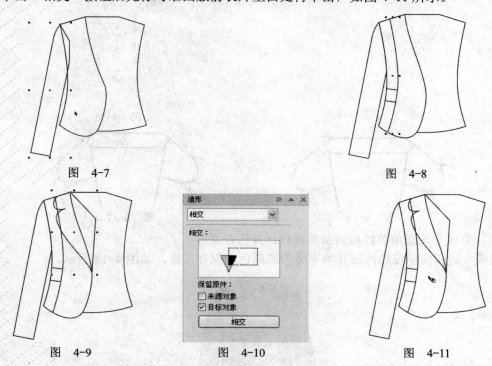

图　4-7　　　　　　　　　　　　　　　　　　　　图　4-8

图　4-9　　　　　　　　　　图　4-10　　　　　　　　　图　4-11

利用"形状工具" 调整西服领子轮廓图形，填充白色，如图 4-12 所示。这样就完成了西服领子款式图形，如图 4-13 所示。

图　4-12

图　4-13

（5）绘制纽扣、辑明线、衣纹并镜像复制

利用贝塞尔工具 在领子、门襟及公主线等部位绘制缉明线，如图 4-14 所示。挑选工具选中左侧所有图形复制并镜像，利用椭圆形工具绘制西服纽扣，并利用贝塞尔工具绘制底边贴边，如图 4-15 所示。

（6）绘制西服后领

利用贝塞尔工具 绘制西服后领轮廓，填充白色如图 4-16 所示。利用挑选工具结合<Shift>

键，选中左右两片前领，单击下拉菜单"排列"→"造形"→"造形"，弹出对话框并选择"修剪"，单击"修剪"后光标对准西服后领空白处再单击，如图 4-17 所示。完成西服后领绘制。

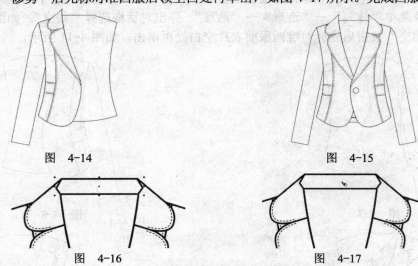

图 4-14   图 4-15

图 4-16   图 4-17

（7）完成女式圆角单粒扣西服款式设计并保存文件
完成女式圆角单粒扣西服并填充适当的颜色并保存文件，如图 4-18 所示。

图 4-18

■ 触类旁通

其他的西服款式设计如图 4-19～图 4-21 所示。其中图 4-19 为枪驳头两粒扣圆下摆女西服。图 4-20 分别为枪驳头双排扣男西服、平驳头两粒扣男西服。图 4-21 所示为平驳头三粒扣圆下摆男西服及背面款式图。有兴趣的同学可以按这些西服的样式进行设计变化。

图 4-19   图 4-20

图　4-21

知识拓展

对象的基本变换

1）对象的基本变换包括位置变换、旋转变换、缩放、大小变换及倾斜等。可以将原图形通过设置放置到不同的位置或角度上，也可以设置图形的大小等，在 CorelDRAW X4 中通过打开"变换"泊坞窗来设置这些参数，如图 4-22 所示。也可以执行菜单"排列"→"变换"命令来选择相应的操作。

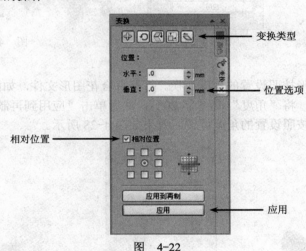

图　4-22

2）变换类型：在"变换"泊坞窗中有 5 种类型可供选择。执行"窗口"→"泊坞窗"→"变换"命令，再选择变换类型，即可打开相应的"变换"泊坞窗。在打开的泊坞窗中，也可以通过单击变换类型的按钮，切换至相应类型的变换泊坞窗。单击"设置"按钮，可以变换图形的位置。单击"旋转"按钮，可以设置所选择图形的角度，单击"缩放和镜像"按钮，将选择的图形水平或垂直翻转。单击"大小"按钮，设置所选图形的缩放比例。单击"倾斜"按钮，设置所选图形在水平或垂直方向倾斜的角度。

3）位置选项区：用于设置图形的水平位置或垂直位置，变换类型不同，此处的选项也不相同，如设置旋转变换，则此处设置旋转的角度。

相对位置：用于设置变换后的图形与原图形之间的距离。

应用：有两种选项，单击"应用到再制"按钮，则在设置的位置或角度处出现一个新图形，而单击"应用"按钮则直接将所选图形按照设置的角度或距离进行变换。

（1）位置变换

位置变换通过设置将选择的图形在水平位置或垂直位置上移动。打开并选择百合花图形，如图 4-23 所示。在"变换"泊坞窗中，设置"水平"位置为 60mm，"垂直"位置为 10mm，如图 4-24 所示。设置完成后单击"应用到再制"按钮，则在图中形成再制后的图形，连续单击"应用到再制"按钮，可以创建多个图形，如图 4-25 所示。

图 4-23　　　　　　图 4-24　　　　　　　　　图 4-25

（2）旋转变换

旋转变换是将图形按照设置的角度变换。打开百合花图形文件，如图 4-26 所示。然后打开"变换"泊坞窗，将"角度"设置为 20°，然后单击"应用到再制"按钮，如图 4-27所示，将选择的图形按照设置的角度旋转，效果如图 4-28 所示。

 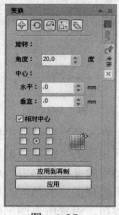 

图 4-26　　　　　　图 4-27　　　　　　　　　图 4-28

旋转变换图形的具体步骤如下。

设置选择的角度时，可以设置图形旋转的中心点，得到以一个点为中心旋转的新图形。

1）工具箱挑选工具左键双击花图形，使其处在可以旋转的状态，如图 4-29 所示。此时将中心点 ⊙ 向左上角移动，如图 4-30 所示。打开"变换"泊坞窗，将"角度"设置为 30°，如图 4-31 所示。

2）单击"应用到再制"按钮，将图形按照设置的角度旋转，继续单击"应用到再制"按钮再创建一个新图形，连续单击该按钮直至形成一个花环图形，如图 4-32 所示。

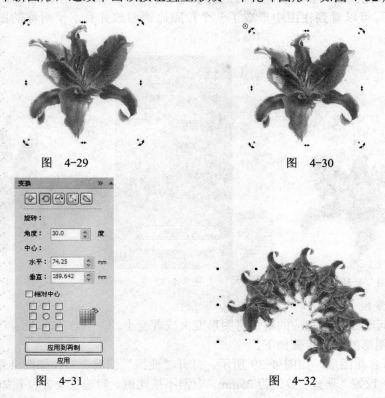

图 4-29　　　　　　　　　　　　　　　图 4-30

图 4-31　　　　　　　　　　　　　　　图 4-32

（3）缩放和镜像

1）缩放和镜像是将新图形沿水平或垂直方向缩放或者形成镜像图形。选择百合花图形，如图 4-33 所示。打开"变换"泊坞窗，单击"缩放和镜像"按钮，将水平参数值设置为 50%，如图 4-34 所示。设置完成后单击"应用"按钮，可以看到在图中形成了一个按照比例缩放的图形，如图 4-35 所示。

图 4-33　　　　　　　　　图 4-34　　　　　　　　　图 4-35

2）选择花图形，如图 4-36 所示。打开"变换"泊坞窗，单击"缩放和镜像"按钮，将"水平"参数值设置为 50%，同时选择镜像图标 。设置完成后单击"应用"按钮如图 4-37 所示，可以看到在图中形成了一个按照比例缩放并且水平对称的图形，如图 4-38 所示。

图 4-36   图 4-37   图 4-38

（4）大小变换

大小变换可通过设置相应的数值将图形变大或者变小。

大小变换图形的具体步骤如下。

1）选择百合花图形，如图 4-39 所示。打开"变换"泊坞窗口，如图 4-40 所示。单击"大小"按钮，设置"垂直"数值为 25mm，取消不按比例、勾选正上方位置如图 4-41 所示，最后单击"应用到再制"按钮，变换后的效果如图 4-42 所示。

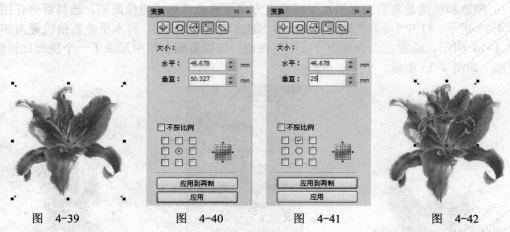

图 4-39   图 4-40   图 4-41   图 4-42

2）选择大朵百合花图形如图 4-43 所示。在"变换"泊坞窗口，勾选左中位置如图 4-44 所示，最后单击"应用到再制"按钮，变换后的效果如图 4-45 所示。

3）选择大花朵图形如图 4-46 所示。在"变换"泊坞窗口，勾选右中位置如图 4-47 所示，最后单击"应用到再制"按钮，变换后的效果如图 4-48 所示。

4）选择大花朵图形如图 4-49 所示。在"变换"泊坞窗口，勾选正下方位置如图 4-50

所示,最后单击"应用"按钮,变换后的效果如图 4-51 所示。

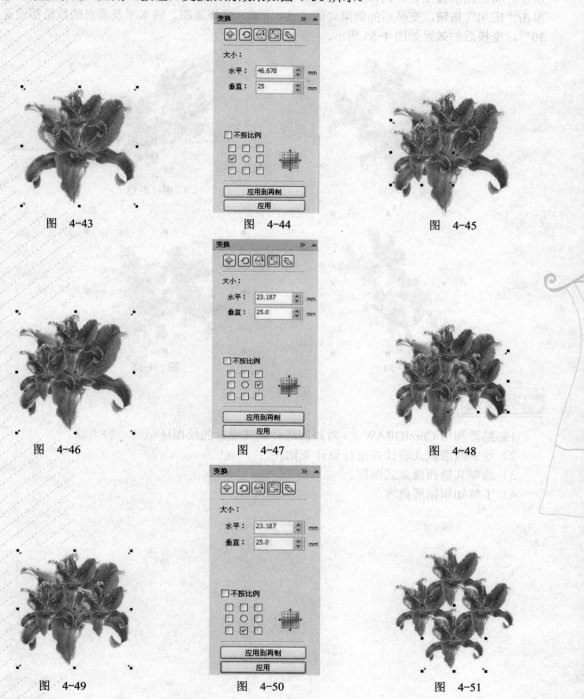

图 4-43　　　　　　图 4-44　　　　　　图 4-45

图 4-46　　　　　　图 4-47　　　　　　图 4-48

图 4-49　　　　　　图 4-50　　　　　　图 4-51

（5）倾斜

倾斜就是将图形沿水平位置或垂直位置进行倾斜,选择如图 4-52 所示的图形。在"变换"泊坞窗口中单击"倾斜"按钮,将"水平"的数值设置为 30°,单击"应用"按钮后如图 4-53

所示，将原图形按照设置的倾斜数值进行变换，选择原图，将"垂直"的数值设置为 30°，单击"应用"按钮，变换后的效果如图 4-54 所示。选择原图，将水平及垂直的数值都设置为 30°，变换后的效果如图 4-55 所示。

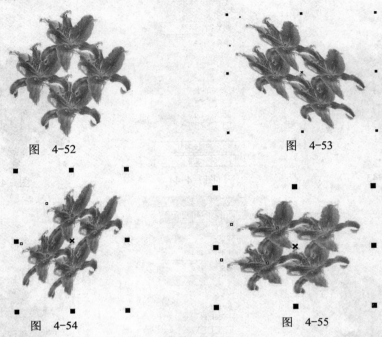

图　4-52　　　　　　　　　　　　　　　　图　4-53

图　4-54　　　　　　　　　　　　　　　　图　4-55

实战强化

1）熟悉利用 CorelDRAW X4 对西服进行款式设计的绘图环境与一般步骤。

2）绘制西服款式设计并进行设计变化。

3）绘制其他西服款式图例。

4）了解知识拓展内容。

项目 5　女内衣款式设计

职业能力目标

1）能熟练掌握"多边形工具"。

2）能掌握"交互式变形工具"。

3）能熟练掌握下拉菜单"位图"→"位图颜色遮罩"的使用。

4）能熟练掌握下拉菜单"位图"→"三维效果"的使用。

项目情境

内衣指贴身穿的衣物，包括背心、汗衫、短裤、文胸等。文胸是保护与美化女性乳房的女性内衣，一般由系扣、肩带、调节扣环、下部的金属丝、填塞物等组成。内裤指贴身的下身内衣。其发展的时尚趋势在于选材上，更加注重环保、健康、舒适性及个性化。人们越来越重视内衣的设计，许多世界知名的品牌都经营内衣。现代内衣设计以收褶、褶裥、荷叶边使低罩杯胸罩和基本的内裤显得更为柔美妩媚。用薄纱网孔配合钩针透孔织物，做出多重纹理的效果；以古著内衣作为设计灵感打造出相衬的褶边内衣套装，用印花丝质及绸缎混合面料营造出闺房风格；以具有雕塑感的比基尼上衣配合高腰短裤，塑造充满结构的复古造型。用稍具弹性的棉质做出宽松而合身的效果；以性感面料配合斜面剪裁，演绎性感内衣套裙。用绸缎、丝质、蕾丝及刺绣等质地设计触感及头饰效果。

项目分析

以文胸与内裤为实例进行款式设计。以三角形、矩形等为基本形绘制内衣。填充图案时，可利用位图菜单对填充的图案进行各种艺术效果的变化。难点是利用交互式变形工具辅助进行花边设计，绘制好的花边可复制等产生多种变化。在内衣的设计中需要注意的是要根据各种不同的定位确定不同的设计风格，以内衣的功能性作为设计的首要条件。

项目实施

下面将详细介绍利用 CorelDRAW X4 中文版对女内衣进行款式设计。

1. 女内衣款式设计的绘图环境

女内衣款式设计的绘图环境。详见第 2 章西裙款式设计的绘图环境。

2. 女内衣款式设计的一般步骤

（1）绘制文胸基本轮廓

利用"多边形工具"，按<Ctrl>键绘制一个正三角形如图 5-2 所示，属性栏设置如图 5-1 所示，单击属性栏中的"转换为曲线" ⬡，利用形状工具，在需要变化为曲线的部位单击，再选择"属性栏"→"转换直线为曲线" ⌐，并删除三角形左侧三个节点，如图 5-3 所示，调整成内衣的杯罩形状如图 5-4 所示。

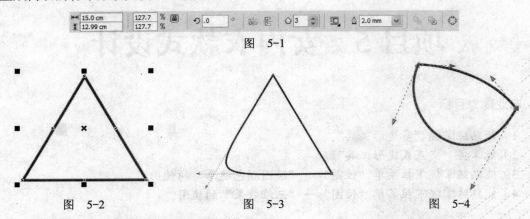

图 5-2   图 5-3   图 5-4

（2）绘制肩带、背带和调节环等

单击贝塞尔工具绘制内衣胁下部分，利用"形状工具"调整形状，利用"矩形工具"绘制肩带、背带、调节环，利用下拉菜单中的"排列"→"顺序"调整上下层次。选择下拉菜单中的"排列"→"造形"→"修剪"，对由两个矩形组合成的调节环进行调整，完成后旋转放在合适的位置如图 5-5 所示。使用挑选工具群选择刚绘制好的所有图形，执行复制、水平镜像命令，复制出内衣的另一边如图 5-6 所示。

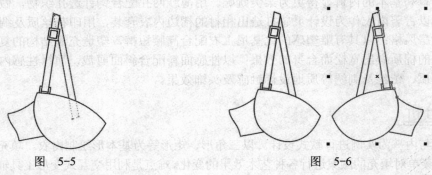

图 5-5   图 5-6

（3）完成内衣绘制填色

单击工具箱中的贝塞尔工具绘制内衣的其他结构如图 5-7 所示。单击工具箱中的渐变填充，弹出"渐变填充"对话框，其参数设置如图 5-8 所示。填充内衣罩杯如图 5-9 所示。

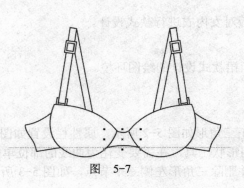

图 5-7

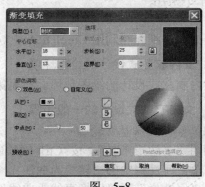

图 5-8

✂ 提示 一般素色罩杯用这种方法表现。

（4）图案填充

选择下拉菜单"文件"→"导入"，导入填充的位图图案，再选择下拉菜单中的"位图"→"位图颜色遮罩"→"颜色选择" ☑ →"应用"去掉底色，通过缩放、旋转、复制到合适的位置，如图5-10所示。使用挑选工具群选择绘制好的所有花纹图形，执行复制、水平镜像命令，复制出内衣的另一边如图5-11所示。

图 5-9

图 5-10

（5）立体化图案填充

使用挑选工具将花纹和下面的罩杯群选，单击属性栏中群组 ，选择下拉菜单中的"位图"→"转换成位图"，在弹出的对话框中单击"确定"按钮。选择下拉菜单中的"位图"→"三维效果"→"球面"，如图5-12所示。在弹出的对话框中进行设置如图5-13所示。结果如图5-14所示，使花纹呈现立体感，与罩杯的球形符合。

图 5-11

图 5-12

图 5-13

图 5-14

59

（6）绘制装饰花边

利用贝塞尔工具 在需要的地方绘制出一条弧线如图 5-15 所示。单击交互式变形工具 ，在其属性栏中设定为拉链变形 、平滑变形 、中心变形 ，拉链失真频率 ，弧线产生变化，变形结果如图 5-16 所示。

图 5-15　　　　　　　　　　　　　　图 5-16

（7）完成文胸款式设计保存文件

执行复制、水平镜像命令，复制出内衣的另一边花边，整件内衣款式设计图完成如图 5-17 所示。保存文件。

3．绘制内裤

利用"矩形工具" ，绘制一个宽 25cm、高 21cm 的矩形，转换成曲线。在水平标尺和垂直标尺上分别按住鼠标，拖出两条辅助线，在下拉菜单中选择"视图"→"对齐辅助线"，利用"形状工具" 调整矩形成如图 5-18 所示的后裤片形状。复制粘贴相同的形状，利用形状工具调整成如图 5-19 所示的前裤片。填充颜色、图案和绘制花边如图 5-20 所示。

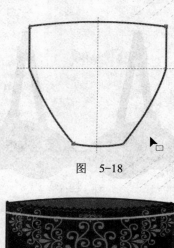

图 5-17　　　　　　　　　　　　　　图 5-18

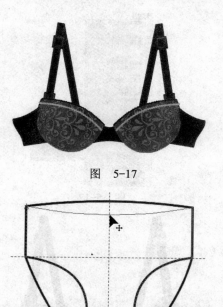

图 5-19　　　　　　　　　　　　　　图 5-20

4. 填充其他颜色产生不同的效果（见图 5-21、图 5-22）

图　5-21

图　5-22

※ 提示　以上介绍了 CorelDRAW 中位图的立体化操作。对在 CorelDRAW 中绘制的对象，即对矢量图进行立体化时要用另外一种方法。例如：用贝塞尔工具绘制好花纹，排列在罩杯中合适的位置，复制一个未填色的罩杯形状放在花纹之上，选择罩杯形状，执行下拉菜单中的"效果"→"透镜"或同时按下键盘上的<Alt+F3>键，在弹出的对话框中进行设置，使花纹呈现立体感。

■ 触类旁通

其他内衣款式设计如图 5-23、图 5-24 所示，可以按这些内衣的款式图样进行设计变化。

图　5-23

图　5-24

■ 知识拓展

1. 对象的复制、粘贴与删除

对象的基本设置可以形成多种图形排列的效果，也可以通过剪切或删除的方法去除多余的图形。

（1）复制、剪切和粘贴图形

通过复制和粘贴操作可以得到和原图形状大小相同的图形，再通过移动操作可以在图像窗口中形成多个相同的图形。剪切图形的目的是将某个被选择的图形从一个图像窗口移动到另一个图像窗口中，而粘贴所在位置和剪切时的图形位置相同。

1）打开蝴蝶图形文件，如图 5-25 所示。选择该图形后按<Ctrl+C>键复制图形，再按

<Ctrl+V>键粘贴图形，并将粘贴的图形变小，效果如图 5-26 所示。

图 5-25   图 5-26

2）选取上一步中变换大小后的图形，将其旋转一定角度，效果如图 5-27 所示。继续选择原图像并复制，粘贴后变换到合适大小，放置到如图 5-28 所示的位置。

图 5-27   图 5-28

（2）删除图形对象

在 CorelDRAW X4 中有三种方法删除不需要的图形。

1）单击挑选工具选择要删除的图形，直接按<Delete>键将其删除；单击挑选工具选择要删除的花朵图形，如图 5-29 所示，然后按<Delete>键将其删除，删除后的图形如图 5-30 所示。

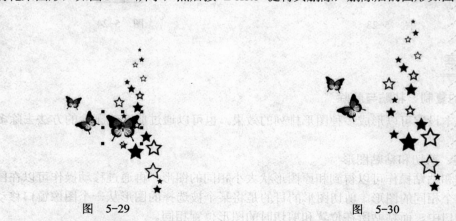

图 5-29   图 5-30

2）单击挑选工具选择要删除的花朵图形，在该花朵图形上单击鼠标右键，弹出如图 5-31

所示的菜单，然后选择删除命令将其删除。

3）单击挑选工具选择要删除的花朵图形，选择菜单"编辑"→"删除"，如图 5-32 所示。

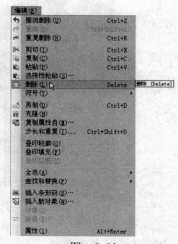

图 5-31   图 5-32

2．对象的群组与解组

群组和解组是针对图形组合的两种操作。用户可以通过群组的方法组合多个图形，方便后续对图形进行整体编辑。解组则是针对已经群组的图形，将其变换为多个可以编辑和更改的图形。

（1）群组多个对象

群组对象方便用户对图形进行整体移动和编辑。首先单击挑选工具，选择要群组的对象，然后按组合键<Ctrl+G>将图形群组，对于已经群组的图形还可以再与另外选取的图形群组。

1）打开 T 恤衫图形，各个部位均未群组，用挑选工具选择 T 恤衫的领子，如图 5-33 所示。

2）按住<Shift>键的同时逐一单击 T 恤衫领子的其他所有部位，包括线条、纽扣、扣眼等，将其全部选取。然后按<Ctrl+G>键将整个 T 恤衫领子部位群组，如图 5-34 所示。

图 5-33   图 5-34

3）单击挑选工具左键框住整件 T 恤衫，将其全部选取，如图 5-35 所示。然后按<Ctrl+G>键将整个 T 恤衫图形群组，如图 5-36 所示。

图 5-35

图 5-36

（2）群组对象的解组

在需要对群组中的对象单独编辑时，可以对群组对象设置"取消群组"将群组解组，在编组对象中，若是包含了多层次的编组对象，可以使用"取消全部群组"，将多重对象的编组全部解组为单独的图形对象。

1）选择群组的 T 恤衫图形，单击属性栏中的"取消群组"按钮 ，将群组解散。解组后，T 恤衫的领子和衣片可以用挑选工具分开来选择，例如选中衣片如图 5-37 所示。单击蓝色色块将衣片颜色更换为蓝色，如图 5-38 所示。

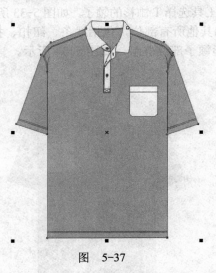

图 5-37

图 5-38

2）选择群组的 T 恤衫图形如图 5-39 所示，再单击属性栏中的"取消全部群组"按钮 ，可以将群组的图形在此全部解散群组，每一个部位和线条都可以单独选择，如图 5-40 所示。

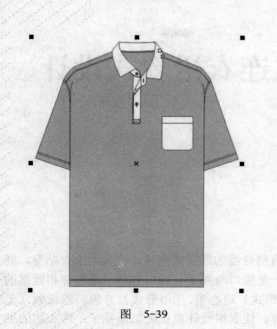

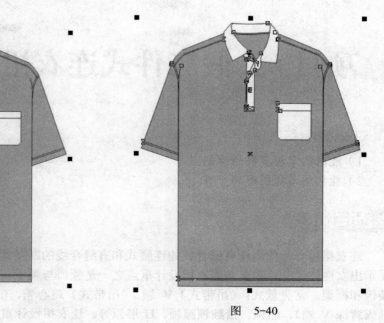

图　5-39　　　　　　　　　　　　　　　图　5-40

实战强化

1）熟悉利用 CorelDRAW X4 对内衣进行款式设计的绘图环境与一般步骤。

2）绘制内衣款式设计并进行设计变化。

3）绘制其他内衣款式图例。

4）了解知识拓展内容。

项目 6 假二件式连衣裙款式设计

职业能力目标

1）能熟练掌握罗纹的绘制。
2）能熟练掌握图形的修剪。

■ 项目情境

　　连衣裙可分为腰围没有缝合线的连腰式和有缝合线的断腰式两种。连衣裙上衣贴身，能显示出女性体形的曲线美。连衣裙设计重点之一是领口与领子。领口与领子是肩部和脸部的装饰和框架。常见款式：（吊带式）V 领、（吊带式）鸡心领、（吊带式）方领、露背领（无袖露背深 V 领）、船领、带翻领圆领、U 形领等。连衣裙设计重点之二是袖子：连衣裙的袖子在长度和款式上可进行很多变化，设计要与全身协调，重点考虑穿着的场合。常见的款式有侧开口装袖、落肩灯笼袖、（前袖偏缝）打褶七分袖、德尔曼袖、马鞍袖、荷叶袖等。连衣裙设计重点之三是下摆。连衣裙的下摆决定了整套服装的外观和设计效果。面料的使用是影响下摆类型的主要因素。下摆设计具有明显的时代特征，可根据风格不同设计成各式各样的。近几年比较流行的下摆样式有郁金香形、蘑菇形等，而经典的一字裙则常胜不衰，表现出女性休态的轻盈。常见的款式有：拼接荷叶边下摆、多层下摆、不对称下摆、侧开衩下摆、翻折细边下摆等。现代连衣裙的设计特点是：仿生 3D 造型，波浪起伏且重重叠叠，带来夸张的雕塑效果，或是涟漪般颤动的效果。以多重角度的条带打造全身长度的连衣裙，做出宽松飘逸的效果。用最精致的丝绸及透明面料带来羽毛般的轻盈质感。

■ 项目分析

　　针织面料与梭织面料的混搭，假二件式的裁剪，成为时尚的标志，为许多年轻女性所喜爱。以矩形工具绘制基本形完成连衣裙款式设计。利用形状工具调整连衣裙外轮廓使其更具有曲线美，利用贝塞尔工具表现上衣前片的二层面料即假二件式，采用裁剪工具使腰围形成缝合线而不直接用贝塞尔工具添加腰线，目的是使上下两截可以分别填充不同的颜色，腰节处填充线条表示采用罗纹针织面料拼接，为了显示黑色罗纹的肌理效果则填充白色线条。

■ 项目实施

下面将详细介绍利用 CorelDRAW X4 中文版对连衣裙进行款式设计。

1. 连衣裙款式设计的绘图环境

连衣裙款式设计的绘图环境，详见第 2 章西裙款式设计的绘图环境。

2. 连衣裙款式设计的一般步骤

（1）绘制连衣裙基本轮廓

单击轮廓笔工具，设置轮廓宽度 ⬚ 3.0 mm ⬚ 为 3mm。利用"矩形工具" ⬚ 绘制宽度约为 22cm，高度约为 78cm 的矩形，如图 6-1 所示。利用"形状工具" ⬚ 选中矩形，单击"属性栏"转换为曲线 ⬚，进行调整得到连衣裙基本轮廓图形如图 6-2 所示。利用"刻刀工具"依次在侧缝和前中线合适的位置单击，分割连衣裙轮廓形成断腰式，如图 6-3 所示。利用"形状工具" ⬚ 选中上衣，调整底边弧形，如图 6-4 所示。

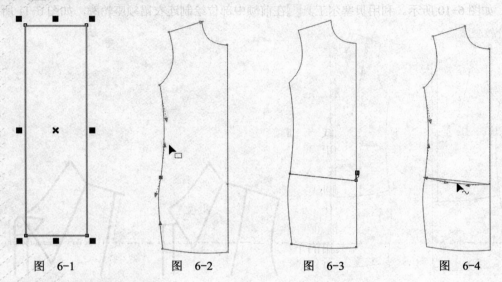

图　6-1　　　　　图　6-2　　　　　图　6-3　　　　　图　6-4

（2）完成连衣裙基本轮廓

利用"挑选工具" ⬚，选中上衣基本轮廓，如图 6-5 所示。单击下拉菜单中的"排列"→"造形"→"造形"，在弹出的对话框中，选择"修剪"。单击"修剪"后光标对准连衣裙下裙空白处，如图 6-6 所示。再单击鼠标完成下裙轮廓绘制，如图 6-7 所示。最后对前衣片轮廓图形进行填充白色。

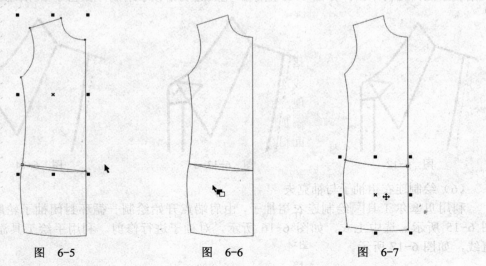

图　6-5　　　　　　　图　6-6　　　　　　　图　6-7

（3）绘制连衣裙假二件式领口与挖袋以及缉明线

单击下拉菜单中的"视图"→"对齐对象"。选中贝塞尔工具 绘制连衣裙假二件式领口，双击空格，绘制挖袋弧形，双击空格继续门襟搭门线，如图 6-8 所示。单击轮廓笔 按住不松手，拖动选择画笔，弹出轮廓笔对话框参数并设置为 1.25mm 的虚线，利用贝塞尔工具 绘制连衣裙缉明线如图 6-9 所示。

（4）绘制连衣裙领子

利用贝塞尔工具 在领口部位绘制连衣裙翻领轮廓，从颈肩点开始，顺时针方向绘制，填充白色，如图 6-10 所示。利用贝塞尔工具 在前领中部位绘制连衣裙领座轮廓，如图 6-11 所示。

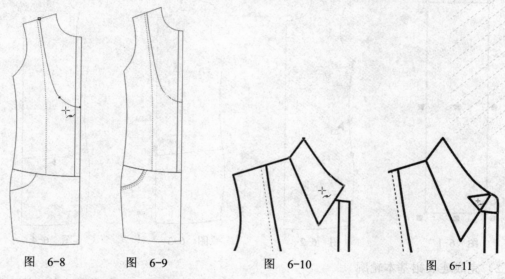

图 6-8　　　图 6-9　　　　　图 6-10　　　　　图 6-11

（5）完成连衣裙领子

利用"挑选工具" ，选中连衣裙翻领图形，如图 6-12 所示，单击下拉菜单中的"排列"→"造形"→"造形"，在弹出的对话框中，选择"修剪"。单击"修剪"后光标对准连衣裙领座空白处再单击，如图 6-13 所示。完成连衣裙领子绘制，如图 6-14 所示。

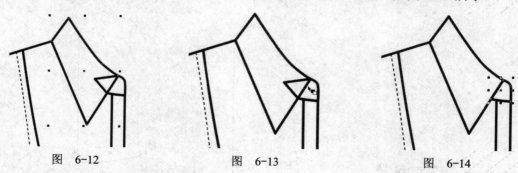

图 6-12　　　　　图 6-13　　　　　图 6-14

（6）绘制连衣裙袖子与袖克夫

利用贝塞尔工具 绘制连衣裙袖子，由肩端点开始绘制一循环封闭袖子轮廓图形，如图 6-15 所示。选中上衣，如图 6-16 所示，对袖子进行修剪。利用手绘工具添加袖克夫直线，如图 6-17 所示。

（7）绘制连衣裙腰节

利用"刻刀工具"依次在侧缝和前中线合适的位置单击，如图 6-18 所示。再分割成连衣裙上衣和腰节两部分，如图 6-19 所示。利用"形状工具" 选中上衣，调整底边弧形，如图 6-20 所示。

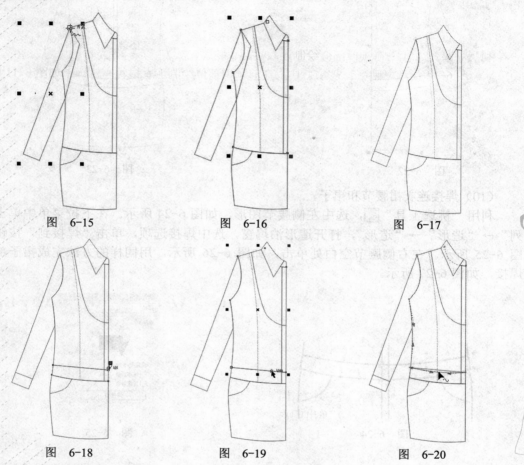

图　6-15　　　　　　　图　6-16　　　　　　　图　6-17

图　6-18　　　　　　　图　6-19　　　　　　　图　6-20

（8）完成连衣裙腰节

选中上衣对腰节进行修剪。利用"形状工具" 调整腰节形状，绘制出腰节与裙子间的层次感，选中腰节对缉明线和搭门线进行修剪，如图 6-21 所示。

（9）镜像复制连衣裙

利用"挑选工具" 选中所有图形，如图 6-22 所示，单击属性栏水平镜像 ，按<Shift>键水平拖动到合适位置，可结合键盘上的左、右箭头方向键进行微调，如图 6-23 所示。

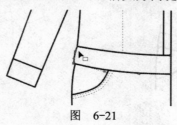

图　6-21

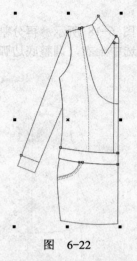

图 6-22   图 6-23

（10）焊接连衣裙腰节和裙子

利用"挑选工具" ，选中左侧腰节图形，如图 6-24 所示。在下拉菜单中单击"排列"→"造形"→"造形"，打开造形泊坞窗，选中焊接选项，单击"焊接到"按钮，如图 6-25 所示。在右侧腰节空白处单击，如图 6-26 所示。用同样的方法完成裙子部位的焊接，如图 6-27 所示。

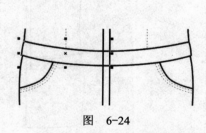

图 6-24   图 6-25

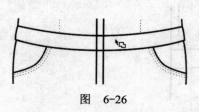

图 6-26   图 6-27

✂ 提示　可利用形状工具对焊接后不够圆顺的外轮廓弧线进行适当调整。

（11）绘制连衣裙后领

利用贝塞尔工具 绘制连衣裙后领轮廓，如图 6-28 所示。利用挑选工具并按<Shift>键，同时选中左右两片前领，如图 6-29 所示。单击下拉菜单中的"排列"→"造形"→"造形"，在弹出的对话框中，选择"修剪"，单击"修剪"再单击连衣裙后领空白处，完成修剪，如图 6-30 所示。手绘工具绘制一条直线在领底处，完成连衣裙后领绘制，如图 6-31 所示。

✂ 提示　要进行修剪的来源对象和目标对象都要求是封闭可填充颜色的图形。

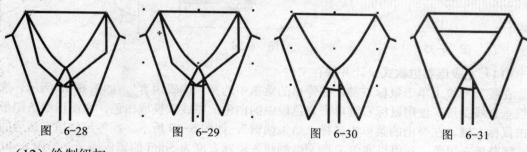

| 图　6-28 | 图　6-29 | 图　6-30 | 图　6-31 |

（12）绘制纽扣

利用椭圆形工具 绘制连衣裙纽扣并复制排列在适当的位置，如图 6-32 所示。

图　6-32

（13）绘制腰节罗纹

1）利用手绘工具 并按<Ctrl>键绘制一条轮廓宽度为 3mm，长度 10cm 的垂直线，单击下拉菜单中的"排列"→"变换"→"位置"，弹出"变换"对话框，在该对话框中设置"水平"为 1cm，单击"应用到再制"按钮约 44 次，如图 6-33 所示。复制出的一组水平间距为 1cm 的垂直线，如图 6-34 所示。

图　6-33

图　6-34

2）利用"挑选工具"▣，全选整组垂直线图形，按住鼠标右键并拖到腰节处，如图 6-35 所示。松开右键，在弹出的菜单中选择"图框精确裁剪内部"，如图 6-36 所示。

3）完成罗纹填充，如图 6-37 所示。

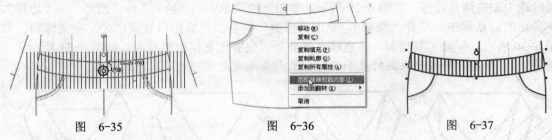

图　6-35　　　　　　　　图　6-36　　　　　　　　图　6-37

（14）完成连衣裙款式设计并保存文件

在腰节罗纹上单击鼠标右键，在弹出的菜单中选择"编辑内容"，如图 6-38 所示。选中整组垂直线图形，使用鼠标右键单击调色板中的白色，将线条换成白色，在图形线条图形上单击鼠标右键，在弹出的菜单中选择"结束编辑"，如图 6-39 所示。在各部位填充适当的颜色，腰节填充黑色，利用贝塞尔工具▣绘制两条轮廓宽度为 5mm 的黑色绳子，如图 6-40 所示。在前片的基础上完成后片的绘制如图 6-41 所示。

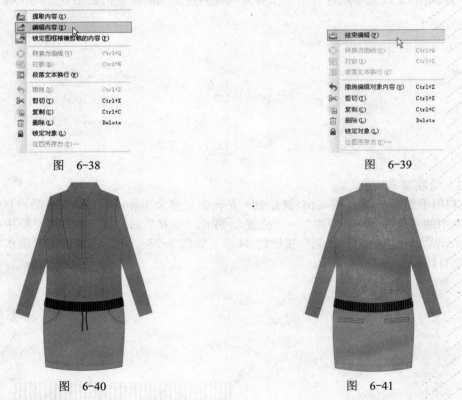

图　6-38　　　　　　　　　　　　　　　图　6-39

图　6-40　　　　　　　　　　　　　　　图　6-41

◪ 触类旁通

其他的连衣裙款式设计如图 6-42 所示。有兴趣的同学可以按照连衣裙的样式进行设计变化。

图　6-42

✄ 提示　连衣裙的蕾丝花边利用交互式调和工具完成。

📖知识拓展

1. 对象的锁定与解锁

锁定对象是为了保护某些不需要编辑的图形不被误修改。锁定后，对象的位置及颜色等属性不能被修改，通过解锁可以释放锁定的对象，图形解锁后可以重新进行编辑和调整。执行"窗口"→"泊坞窗"→"属性"命令，打开"对象属性"泊坞窗，如图 6-43 所示。在该泊坞窗中可以对图形进行锁定及解锁等操作。单击🔒按钮，将图形锁定。如果当前选择的图形已经被锁定，单击 解除锁定对象(K) 按钮以解锁。

（1）对象的锁定

将对象锁定后，不能对该对象再进行任何操作，锁定后的对象周围会出现锁状的图标，锁定对象的具体操作步骤如下。

1）打开星星和月亮图形文件，选择要锁定的图形，单击鼠标右键，在弹出的菜单中选择"锁定对象"命令，如图 6-44 所示。执行该操作后，即可以将其锁定，且图形周围出现锁状的图标，如图 6-45 所示。

图　6-43

图　6-44

图　6-45

2）在群组的对象上执行了锁定命令后如图 6-46 所示，按住<Ctrl>键时选中群组中的单一图形对象，在选中的图形周围也会出现锁定状态，如图 6-47 所示。

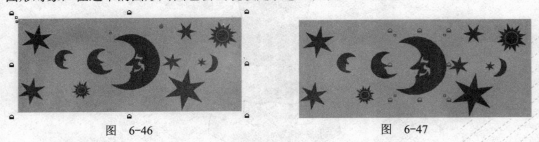

图 6-46　　　　　　　　　　　　　　　　图 6-47

（2）对象的解锁

解锁就是将锁定后的图形再变回可以自由变换的图形。选择锁定图形，单击鼠标右键，在弹出的快捷菜单中选择"解除锁定对象"命令，即可解锁，如图 6-48 所示。图形解锁后，用户可以重新将其选择，如图 6-49 所示。

图 6-48　　　　　　　　　　　　　　　　图 6-49

2．对象的顺序

对象的顺序主要通过"排列"菜单中的相关命令来完成。只需选择相应的命令就可以设置对象的顺序，也可以设置图层与图形、页面与图形之间的顺序。

对象的顺序是指图形之间的前后关系，图层和图形的关系以及页面与图形之间的关系。执行"排列"→"顺序"命令，在弹出的下拉菜单中选择相应命令来设置，如图 6-50 所示。主要顺序命令有：到页面前面、到页面后面、到图层前面、到图层后面、向前一层、向后一层、置于此对象前和置于此对象后。

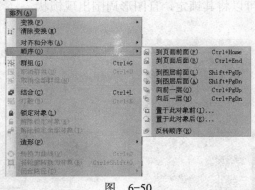

图 6-50

1）打开高跟鞋图形文件，单击挑选工具，选择要调整顺序的蝴蝶结图形，如图 6-51 所示。然后执行"排列"→"顺序"→"向后一层"命令，调整图形顺序后的效果如图 6-52

所示，从中可以看出，被选择的蝴蝶结图形放置到了鞋面的后面。

　　2）也可以设置页面和图形之间的关系。选择要编辑的钻石图形，如图 6-53 所示，执行"排列"→"顺序"→"到图层后面"命令，即可将该图形放置到所有图形的后面，即被隐藏不见，如图 6-54 所示。

图 6-51　　　　　　图 6-52　　　　　　图 6-53　　　　　　图 6-54

　　3）挑选工具并按<Alt>键选择鞋面遮挡的蝴蝶结图形，如图 6-55 所示，执行"排列"→"顺序"→"置于此对象前"命令，此时光标变为黑色箭头，单击鞋面图形，如图 6-56 所示，将蝴蝶结放置于鞋面。

　　4）挑选工具并按<Alt>键选择图层后的钻石图形，如图 6-57 所示。继续应用调整图形顺序的方法，将钻石图形放置到鞋面和蝴蝶结的上方，调整顺序后的高跟鞋如图 6-58 所示。

图 6-55　　　　　　图 6-56　　　　　　图 6-57　　　　　　图 6-58

实战强化

　　1）熟悉利用 CorelDRAW X4 对连衣裙进行款式设计的绘图环境与一般步骤。
　　2）绘制连衣裙款式设计并进行设计变化。
　　3）绘制其他连衣裙款式设计图例。
　　4）了解知识拓展内容。

项目 7   服饰配件设计

职业能力目标

1）能熟练掌握交互式立体化工具的使用。
2）能熟练掌握交互式调和工具的使用。

任务 1   纽   扣

任务情境

纽扣就是衣服上用于两边衣襟相连的系结物，是服装的一种闭合方式，具有实用性与装饰性。最初的作用是用来连接衣服的门襟，现已逐渐发展为除保持其原有功能以外更具有艺术性及装饰性。好的纽扣设计能够使服装更加完美，起到"画龙点睛"的作用。常见的服装闭合方式有：盘花纽扣，可以制作外套、夹克的门襟，富有民族特色；钩眼扣，是内敛的闭合方式，通常从表面看不到，可作为拉链的端头，或者数组钩眼扣排成一列构成门襟；按扣，非常实用，用途广泛，它为外套、夹克和其他服装提供了一种简洁、内敛的闭合方式；钩襻，通常用在裤腰的内侧；纽襻，是一种精巧的闭合方式，适用于领口、侧缝、袖口的闭合；套锁扣，可以用于外套和夹克的前门襟，例如唐装。纽扣还广泛用于前身门襟、暗门襟、扣襻和袖口，适用于服装各部位。

任务分析

以圆形工具绘制圆形为基本形进行纽扣设计。按纽扣的孔眼特征可分为明眼扣和暗眼扣，明眼扣又分为四眼扣和两眼扣。西装上的纽扣多采用四眼扣，采用修剪的方法绘制纽扣并排列修剪完成，在工具箱中选择交互式立体化工具，可以将纽扣制作成立体化的逼真效果。

任务实施

下面将详细介绍利用 CorelDRAW X4 中文版对纽扣进行设计。

1．服饰配件设计的绘图环境

服饰配件设计的绘图环境。详见第 2 章西裙款式设计的绘图环境。

2．纽扣设计的一般步骤

1）利用椭圆形工具并按<Ctrl>键绘制一个正圆形，执行"编辑"→"复制"，"编辑"→"粘贴"得到两个圆形，单击圆形右上角的编辑节点，将其中一个圆形向圆心拖动如图 7-1

所示。得到两个同心圆如图 7-2 所示。

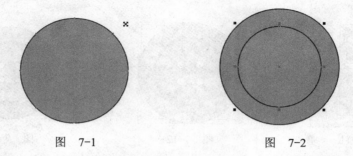

图 7-1   图 7-2

2）选中图 7-2 中的小圆，打开"造形"泊坞窗，单击"修剪"按钮，如图 7-3 所示，用鼠标单击大圆任意部位，得到修剪好的纽扣圆环图形。选中圆环，执行"排列"→"顺序"→"到图层前面"，将圆环放在最上层，移开小圆查看圆环，如图 7-4 所示。

3）撤销移动，绘制 4 个小圆并群组如图 7-5 所示，将图形对齐中心排列并选中小圆如图 7-6 所示。

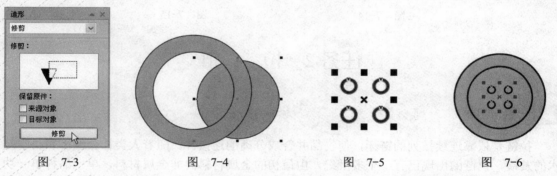

图 7-3   图 7-4   图 7-5   图 7-6

4）选择"造形"泊坞窗并单击"修剪"按钮，如图 7-7 所示，用鼠标单击圆形的任意部位如图 7-8 所示，得到修剪好的纽扣图形，如图 7-9 所示。

5）单击工具箱中的"交互式立体化工具" ，选择默认立体化类型，单击圆环并拖动鼠标，如图 7-10 所示，调整其属性工具栏中的"照明" 的设置，如图 7-11 所示，完成纽扣立体效果如图 7-12 所示。

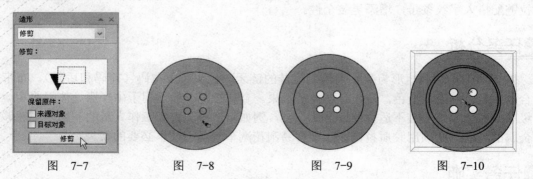

图 7-7   图 7-8   图 7-9   图 7-10

6）利用以上介绍的方法将 4 个小圆也增添立体化效果如图 7-13 所示，完成后或者在绘制圆形时改变圆形的颜色时可以绘制各色纽扣，如图 7-14、图 7-15 所示。

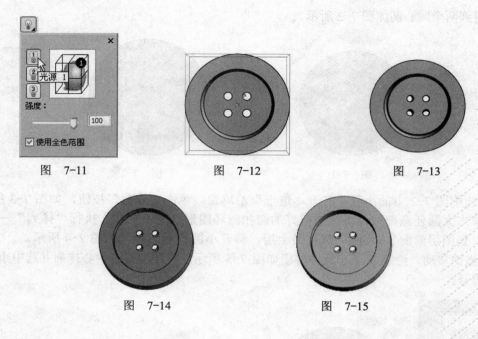

图 7-11　　　　　　图 7-12　　　　　　图 7-13

图 7-14　　　　　　图 7-15

任务 2　拉　　链

■任务情境

　　拉链是依靠连续排列的链牙，使物品并合或分离的连接件。随着人类社会经济和科学技术的发展，拉链的出现已有一个多世纪，由最初的金属材料向非金属材料，单一品种单一功能向多品种、多规格综合功能发展，由简单构造到今天的精巧美观、五颜六色，其性能、结构、材料日新月异，用途广泛。大量用于服装、包袋、帐篷等。根据拉链的功能性分为：闭口式拉链，可用于口袋、袖口和里襟的闭合；双头拉链，因为双头拉链从头到尾都能开口，因此可以用于外套、夹克的门襟，也很适合包、袋的闭合；开尾式拉链，开尾式拉链拉开时，两边的衣服能够完全分离，这种拉链通常用于外套和夹克。如现代防水大衣，用氧化铜部件和拉链配搭人字纹条带，增添男装个性。

■任务分析

　　以矩形工具绘制矩形为基本形绘制拉链的链牙、拉头、限位码（前码和后码）、布带等组合成拉链。填充渐变色，制作金属拉链效果。金属拉链一般适用于牛仔服、休闲服和一些高级的风衣。某些服装不适合使用金属拉链，例如，汽车美容店工作人员的制服，不能够使用金属的拉链，必须用胶质拉链，否则容易刮花汽车表面造成不必要的损失。

■任务实施

　　下面将详细介绍利用 CorelDRAW X4 中文版对拉链进行设计的一般步骤。

1．链牙的绘制

1）绘制一个矩形，转换为曲线，利用形状工具进行变形如图 7-16 所示，填充线性渐变，设置填充灰→白→灰的颜色，如图 7-17 所示，填充效果如图 7-18 所示，得到一个拉链齿。

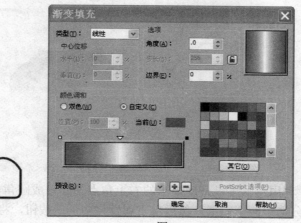

图　7-16　　　　　　　　　　　图　7-17　　　　　　　　　　　图　7-18

2）复制并水平镜像拉链齿调整到合适的位置，如图 7-19 所示。将填充渐变色的拉链齿排列到前面，选中两个拉链齿，如图 7-20 所示，然后单击属性栏中的"前减后"按钮，将后面的图形从前面的图形中减去，得到的图形效果如图 7-21 所示。

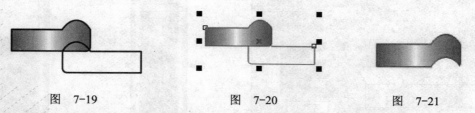

图　7-19　　　　　　　　　　图　7-20　　　　　　　　　　图　7-21

3）将修剪好的拉链齿，复制并调整好位置，执行"排列"→"群组"，如图 7-22 所示。选中拉链齿单击鼠标右键并结合<Ctrl>键向下拖动到合适的位置，弹出菜单，选择"复制"效果，如图 7-23 所示。

4）按<Ctrl+D>键复制出整条拉链如图 7-24 所示。最底下的拉链齿形状如图 7-25 所示。

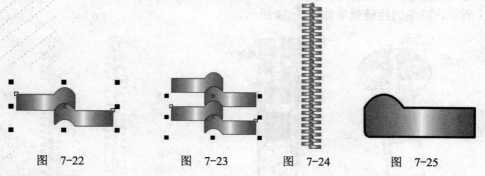

图　7-22　　　　　　图　7-23　　　　　图　7-24　　　　图　7-25

2．拉头的绘制

1）绘制一个矩形，转换为曲线如图 7-26 所示，利用形状工具进行变形，如图 7-27 所示，填充灰→白→灰的线性渐变色，如图 7-28 所示。

2）绘制一个长矩形，利用形状工具拖动矩形的右上角点使其修成圆角，填充灰→白→深灰→中灰→深灰→白→灰的线性渐变色，如图 7-29 所示，渐变填充对话框的设置如图 7-30 所示。

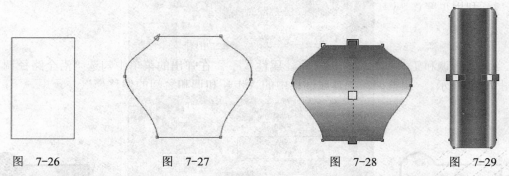

图　7-26　　　　　　图　7-27　　　　　　图　7-28　　　　　　图　7-29

3）绘制一个小矩形，利用形状工具拖动矩形的右上角点使其修成圆角如图 7-31 所示，将它放在长矩形的上半部分选中两个矩形，然后单击属性栏中的 按钮，将前面的图形从后面的图形中减去，得到的图形效果如图 7-32 所示。

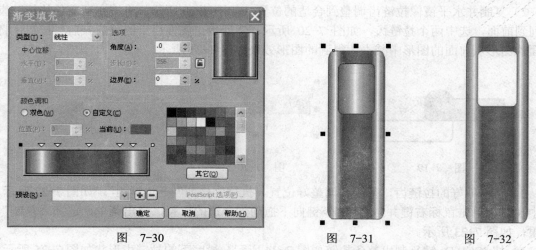

图　7-30　　　　　　　　　　　　　图　7-31　　　　　　图　7-32

4）最后再绘制一个细长的矩形，将以上绘制的图形调整大小和位置群组成拉链头如图 7-33 所示。整条的拉链效果如图 7-34 所示。

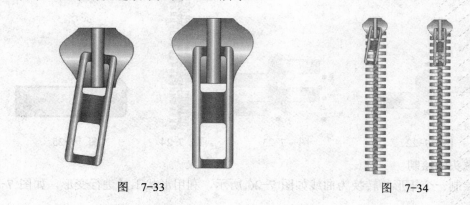

图　7-33　　　　　　　　　　　　　　　　　　图　7-34

3．半拉开的拉链效果绘制

1）选择一个最底部拉链齿图形并进行复制，如图 7-35 所示，选择工具箱中的"交互式调和工具" ，单击拉链齿一拖动到拉链齿二松开鼠标得到调和的一组图形如图 7-36 所示。

2）利用贝塞尔工具在拉链上端绘制一条弧线如图 7-37 所示。选择调和的拉链齿，单击调和工具属性栏中的"路径属性" 。在弹出的菜单中单击"新路径"，如图 7-38 所示。在弧线上单击鼠标，如图 7-39 所示。得到的图形效果如图 7-40 所示。

3）单击调和工具属性栏中的"路径属性" 。在弹出的菜单中勾选"沿全路径调和"，如图 7-41 所示。 调整调和工具属性栏中的"步长和调和之间的偏移量" 20 的数值可以改变拉链齿的数量，得到的图形效果如图 7-42 所示。

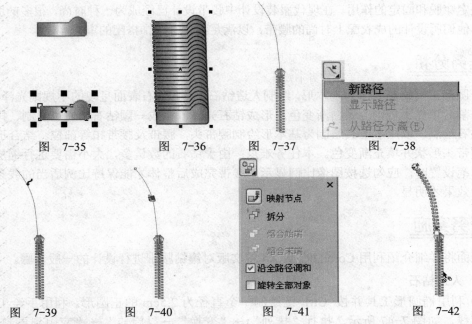

图 7-35　　　　图 7-36　　　　图 7-37　　　　图 7-38

图 7-39　　　　图 7-40　　　　图 7-41　　　　图 7-42

4）选择图形如图 7-43 所示，选择菜单中的"排列"→"打散路径群组上的混合"，如图 7-44 所示，拉链齿与路径分离，选择路径，利用贝塞尔工具将它绘制成拉链的布带，并填充适当的颜色如图 7-45 所示。复制并镜像另外一边，如图 7-46 所示。

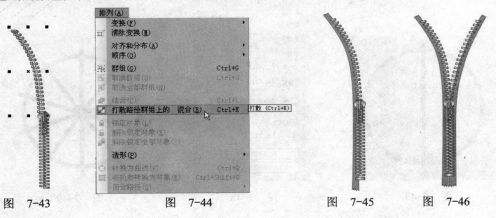

图 7-43　　　　图 7-44　　　　图 7-45　　　　图 7-46

任务3 镶钻腰带

■ 任务情境

腰带是指用来束腰的带子，裤带。多用皮革制成，俗语也称皮带。自人类进入文明社会以来，性感和女人味都集中体现在女性的腰部上。当服装轮廓形状改变时，腰线位置也相应改变。20世纪20年代的女装廓形为下落的腰线、直线型、男孩子式的外观。到了20世纪60年代，腰线复兴，上升到胸部下面，突出了袒胸露肩的效果。20世纪90年代的超低腰裤加长了上身长度。又经过多年演变，腰线重新又提升到高位。腰带是有实际功能的，通常多数服装款式在腰部决定穿脱和固定的作用。在现代服装设计中腰带设计已经成为一种时尚。很多的服装设计师都为他们所设计的成衣配上时尚的腰带，以满足消费者服饰搭配的审美需要。

■ 任务分析

以圆形工具绘制圆形为基本形，绘制人造钻石。根据钻石表面呈现的不规则光泽的原理，将圆分割后填充不规则的黑白渐变色，形成钻石光泽。完成一颗钻石，通过复制、排列完成全部钻石绘制。以矩形工具绘制为基本形绘制腰带头，腰带及腰带扣等部位。结合形状工具调整腰带头形状并填充渐变色。本任务难点：由于钻石的数量多，大小需要进行缩放调整，用轮廓笔设置时，应勾选按图像比例显示。腰带完成后整体才能保持比例适当的线条轮廓，钻石的效果才明显。

■ 任务实施

下面将详细介绍利用 CorelDRAW X4 中文版对镶钻腰带进行设计的一般步骤。

1. 人造钻石

1）利用椭圆形工具并按<Ctrl>键绘制一个直径为 2.5cm 的正圆形。利用手绘工具绘制一条中线，如图 7-47 所示。执行"排列"→"变换"→"旋转"→"应用到再制"4 次，如图 7-48 所示。得到的图形如图 7-49 所示。

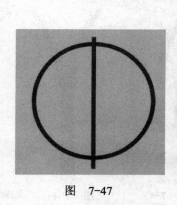

图 7-47

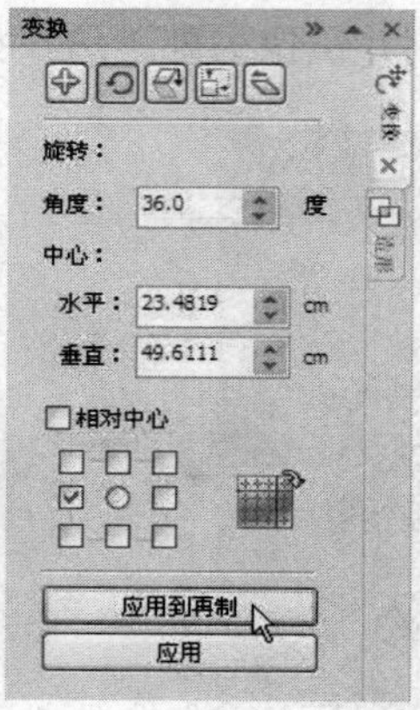

图 7-48

图 7-49

2）挑选工具并结合<Shift>键选中所有的线条。执行"排列"→"造型"→"造型"，在泊坞窗中选择"修剪"，如图 7-50 所示。单击圆形得到十个单独的图形，如图 7-51 所示。

图 7-50　　　　　　　　　　　　　　　　图 7-51

3）利用交互式填充工具分别为每一个图形填充黑白渐变色，不规则填充才能表现钻石的光泽如图 7-52 所示。将轮廓线填充为白色如图 7-53 所示。选中图形并按<Ctrl+G>组合键进行群组。

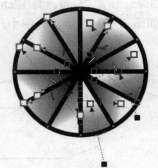

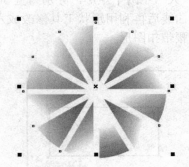

图　7-52　　　　　　　　　　　　　　　图　7-53

4）利用椭圆形工具并按<Ctrl>键绘制一个直径为 2.8cm 的正圆形。选中圆形，选择交互式填充工具，单击属性栏中的"编辑填充"，打开"渐变填充"对话框，其中，"类型"设置为：圆锥，"颜色调和"选择"自定义"，在"渐变颜色"条中拖动其调节块调节线性渐变为：黑→白→80%黑→白→60%黑，如图 7-54 所示。填充渐变色后的效果如图 7-55 所示。

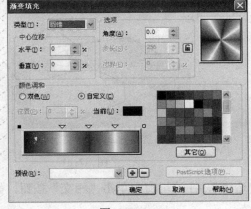

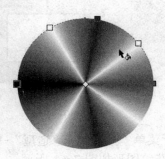

图　7-54　　　　　　　　　　　　　　图　7-55

83

5）利用挑选工具并按<Shift>键选中两个图形，单击属性栏中的"对齐和分布"，在"对齐和分布"设置对话框中选择"对齐"选项卡，并将垂直、水平的属性都选择为"中"，最后单击"应用"按钮，如图 7-56 所示。完成的钻石绘制图如图 7-57 所示。

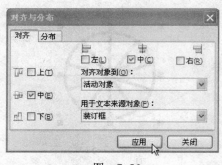

图　7-56　　　　　　　　　　　　　　　　　　图　7-57

2. 腰带头

1）绘制一大一小两个矩形，分别为宽 50cm、高 30cm 和宽 26cm、高 12cm，如图 7-58 所示。转换为曲线后再利用形状工具修改成六边形，如图 7-59 所示，选中小六边形修剪大六边形，得到腰带扣图形。

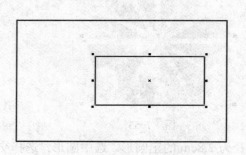

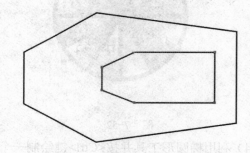

图　7-58　　　　　　　　　　　　　　　　　　图　7-59

2）调节并填充 30%黑→5%黑→30%黑的线性渐变色如图 7-60 所示。利用贝塞尔工具绘制花纹如图 7-61 所示。

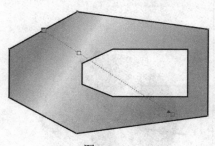

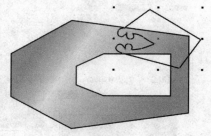

图　7-60　　　　　　　　　　　　　　　　　　图　7-61

3）执行菜单"排列"→"造型"→"造型"，在泊坞窗中单击"相交"按钮，如图 7-62 所示。得到花纹图形如图 7-63 所示。

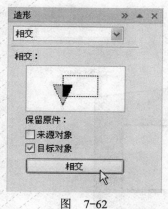

图　7-62

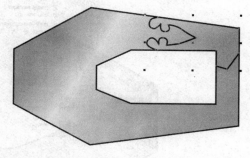

图　7-63

4）利用形状工具修整花纹图形，选择填充 和渐变填充 ，填充值 R：82，G：82，B：82，灰色到白色的线性渐变填充如图 7-64 所示。挑选工具选中花纹图形，使用鼠标右键拖动到腰带扣任意位置，如图 7-65 所示。

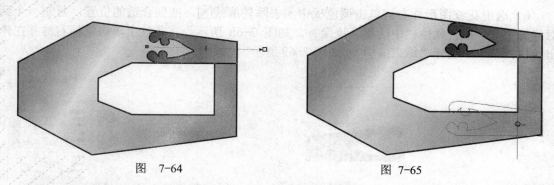

图　7-64　　　　　　　　　　　　　　　　图　7-65

5）松开鼠标右键并在弹出的快捷菜单中选择"图框精确裁剪内部"，如图 7-66 所示。在花纹上单击鼠标右键并选择"编辑内容"，如图 7-67 所示。

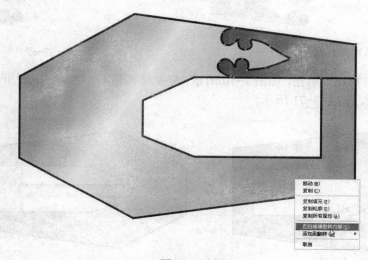

图　7-66

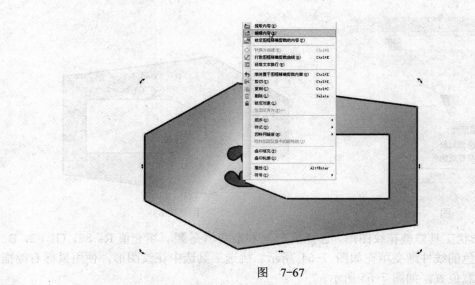

图 7-67

6）选中花纹图形并右键单击调色板中的去除轮廓线⊠，拖到合适的位置，复制一个到对称的位置，执行属性栏中的垂直镜像 ，如图 7-68 所示。在花纹上单击鼠标右键并在弹出的快捷菜单中选择"结束编辑"，如图 7-69 所示。

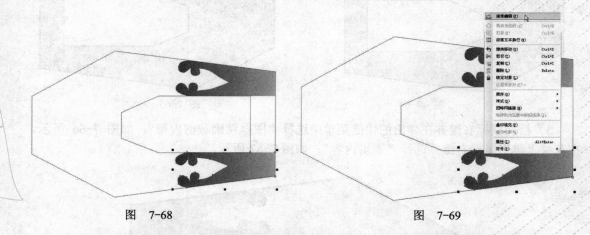

图 7-68   图 7-69

7）完成腰带扣花纹填充，如图 7-70 所示。复制排列钻石，绘制完成腰带头并按<Ctrl+G>组合键进行群组，如图 7-71 所示。

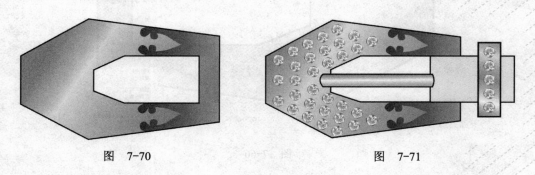

图 7-70   图 7-71

8）缩小拉链头并完成腰带设计，皮带由宽 126cm、高 3.3cm 的矩形变化而成，如图 7-72 所示。

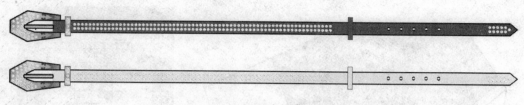

图　7-72

触类旁通

其他的服饰配件，如手袋的设计，如图 7-73 所示。有兴趣的同学可以按照此款样式进行设计变化。

知识拓展

焊接是指将所有连接的图形合并为只有一个轮廓的图形，该操作要求所焊接的图形位置要有重叠部分。而相交则是将两个相重叠图形的中间区域形成一个新图形，即新形成的图形为两个图形的重叠区域。

1）打开童装图形文件，如图 7-74 所示。然后应用挑选工具选中衣片中的橙色部分，按<Shift>键继续选中白色部分，单击属性栏中的"焊接"按钮，将原本分为上下两部分的衣片焊接为只有一个轮廓的图形，效果如图 7-75 所示。

图　7-73

图　7-74

图　7-75

2）撤销上一步操作，应用椭圆形工具绘制一个橙色椭圆形并选中，如图 7-76 所示，选择"窗口"→"泊坞窗"→"造形"，打开造形泊坞窗，如图 7-77 所示，在图中选择"目标对象"复选框，单击"相交"按钮，将鼠标在目标对象衣片下摆任意处单击，即可将中间相

CorelDRAW X4 服装设计实用教程

交的区域生成一个新图形如图 7-78 所示。填充适当的颜色后，可设计成口袋或者其他装饰如图 7-79 所示。

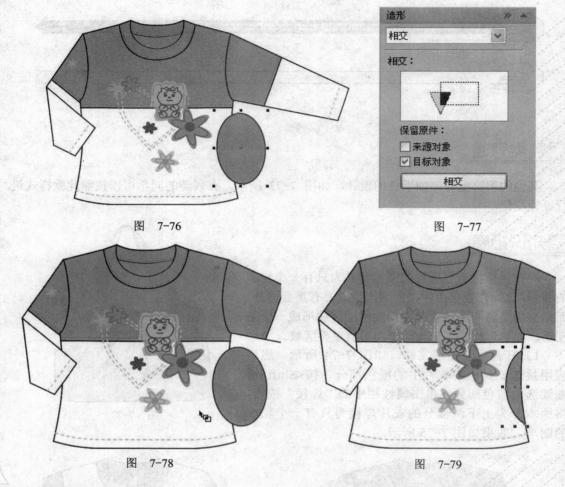

图 7-76

图 7-77

图 7-78

图 7-79

实战强化

1）熟悉利用 CorelDRAW X4 对服饰配件进行设计的绘图环境与一般步骤。

2）绘制纽扣并进行设计变化。

3）绘制拉链并进行设计变化。

4）绘制镶钻腰带并进行设计变化。

5）绘制其他服饰配件图例。

6）了解知识拓展内容。

88

项目 8　男 T 恤印花设计

1）能熟练掌握排列菜单对齐和分布命令的使用。
2）能熟练掌握交互式调和工具的使用。

项目情境

印花设计给服装增添了个性化的色彩，无论是传统的丝网印花还是最新的数码印花技术都是设计师必须掌握与熟知的。服装企业有专门从事平面设计的岗位，但收入待遇低过服装设计师。优秀的服装设计师兼具平面设计能力，自行设计印花图案。复杂的图案需要使用电脑数位板或者专业的软件进行设计，如金昌印花分色系统等，也可以购买大型的矢量图库（带书的那种）获取素材。现代男装印花设计的特点是：将老式字体作为图案灵感，打造层次上衣；将钢笔和画笔印在 T 恤口袋之上，打造新颖口袋细节；增添仿细节作为图案印花，用错视画效果在休闲针织衫上塑造仿裁剪细节。用指导性针织绘画呈现图案错视画印花；印上醒目金属表面图形或增添金属纽扣，把玩表面效果；将醒目菱形图纹结合豹纹印花内部贴面，呈现丰富混搭风格。用对比色组合，以凸显图案效果；用最新的数码效果诠释传统的印花图纹，为运动装添加华丽风格。

项目分析

以矩形工具绘制矩形为基本形进行男 T 恤印花设计。通过横向和纵向有规律地复制和缩放基本形。结合协调的色彩填充，完成四方连续形式的男 T 恤印花设计。难点在印花图案基本单位的绘制。其次是印花基本单位复制移动距离参数的分析。距离参数分析准确才能正确完成整个印花四方连续图案。男扁机领 T 恤印花设计的绘图环境设置为 CorelDRAW X4 中文版默认绘图环境。男 T 恤印花设计是在 CorelDRAW X4 中文版中通过绘制矢量图来完成的。由于矢量图在操作时需要的硬盘空间较大，导致计算机运行速度较慢，设计者要有一定的耐心才能出色地完成设计任务。

项目实施

下面将详细介绍利用 CorelDRAW X4 中文版对男扁机领 T 恤印花进行设计的一般步骤。

1. 印花基本形的绘制

1）绘制一个矩形宽 11.5cm、高 13.5cm，转换为曲线如图 8-1 所示。利用形状工具（见

图 8-3）框选矩形，右键单击选择"添加"→"到曲线"，在矩形上增加四个弧线点，如图 8-2 所示。对矩形进行变形如图 8-4 所示，复制并缩小基本形为宽 7.5cm、高 9cm，修剪成印花基本形，如图 8-5 所示。填充 C5 M7 Y13 K2 颜色，如图 8-6 所示。

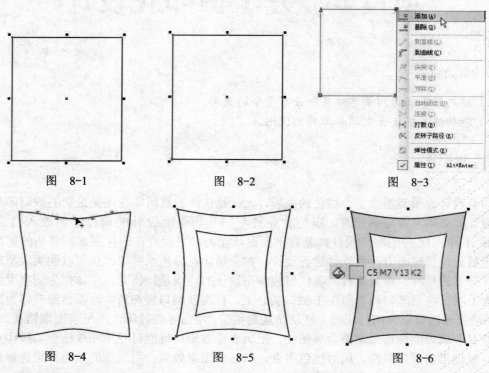

图 8-1　　　　　　　　　图 8-2　　　　　　　　　图 8-3

图 8-4　　　　　　　　　图 8-5　　　　　　　　　图 8-6

2）复制印花基本形并缩小为宽 1cm、高 13.5cm 的图形，如图 8-7 所示。将图 8-7 水平移动至右侧合适的位置。选择工具箱中的"交互式调和工具" 🔧，单击"印花基本形"并拖动鼠标到缩小的印花基本形后松开鼠标得到调和的一组图形，如图 8-8 所示。

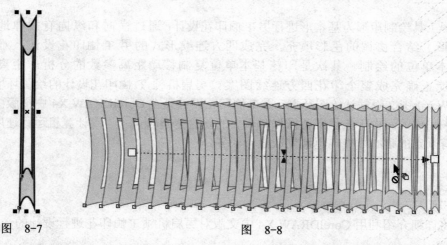

图 8-7　　　　　　　　　　　图 8-8

3）调整调和工具属性栏中的"步长和调和之间的偏移量" 🔲4　　　▼▲ 的数值，得到如图 8-9 所示的图形效果。

90

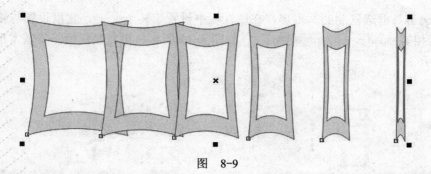

图　8-9

4）单击鼠标右键执行"打散调和群组"如图 8-10 所示。利用挑选工具，将六个图形排列整齐，改变排列在第二、四、六位置的基本形填充色为 ，去除轮廓填充，效果如图 8-11 所示。

图　8-10

图　8-11

5）选择整组基本形并进行"复制"→"镜像"，完成印花基本形的绘制，效果如图 8-12 所示。

图　8-12

2．印花基本单位绘制

1）挑选工具框选择前五个基本形如图 8-13 所示，复制并移动至上方如图 8-14 所示。

图　8-13

图　8-14

2）挑选工具框选复制的基本形，在属性栏中设置旋转 ↻ 90.0 °，宽度设置与横排中间的基本形宽度相等 ↦ 11.5 cm 100.0 % 🔒，如图 8-15 所示。再复制两组竖排基本形，排列如图 8-16 所示。

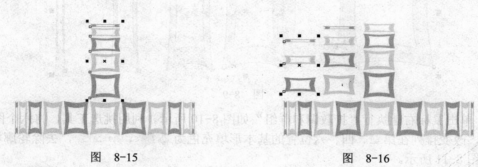

图 8-15　　　　　　　　　　　　　　　　図　8-16

3）复制最小的印花基本形并设置宽 11.5cm、高 0.75cm 放在左上角，并利用挑选工具分别框选横排三个基本形，然后单击属性栏中的 ▤ 按钮打开"对齐与分布"对话框，并选择"对齐"选项卡，将"水平"属性选为"中"，再单击"应用"按钮，如图 8-17 所示，得到的图形效果如图 8-18 所示。

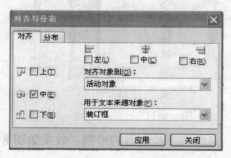

图　8-17

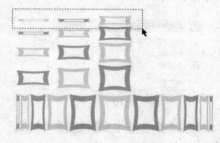

图　8-18

4）复制并垂直镜像第一、二列基本形放在右侧，效果如图 8-19 所示。复制第一至四排基本形，水平镜像。挑选工具选择全部基本形，在属性栏中选择群组 ❋，完成印花基本单位的绘制，如图 8-20 所示。

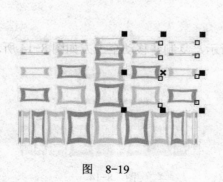

图　8-19

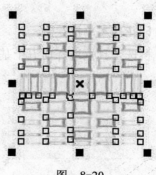

图　8-20

3．四方连续印花绘制

1）利用挑选工具选择印花基本单位，如图 8-21 所示。在属性栏中设置显示大小为宽 139.167mm、高 143.647mm。选择"排列"→"变换"→"位置"，"水平"数值设置为 139.167mm，单击"应用到再制"按钮，如图 8-22 所示。

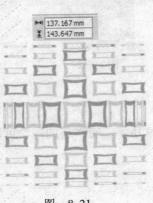

图　8-21

图　8-22

2）重复以上操作，单击"应用到再制"6 次，得到二方连续印花图形，如图 8-23 所示。

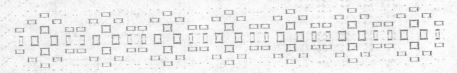

图　8-23

3）选择二方连续印花图形，选择"排列"→"变换"→"位置"→"垂直"数值设置为 145.467mm，单击"应用到再制"按钮（根据需要确定单击次数），如图 8-24 所示。得到印花四方连续图形效果如图 8-25 所示。

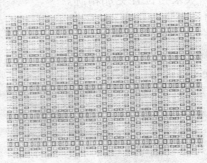

图　8-24

图　8-25

4．填充图案

打开 T 恤衫文件，将设计好的印花图案，利用图框精确裁剪填充到 T 恤上，如图 8-26 所示。并且可以设计不同的一组色彩的搭配，如图 8-27 所示。

图 8-26

图 8-27

触类旁通

其他的印花设计如图 8-28 所示，填充效果如图 8-29 所示。有兴趣的同学可以按这些印花样式进行设计变化。

图 8-28

图 8-29

知识拓展

选择"排列"→"对齐与分布"→"对齐与分布"命令，打开"对齐与分布"对话框如图 8-30 所示，在该对话框中设置所选图形之间的对齐方式和分布方式，勾选相应复选框，最后单击"应用"按钮即可，如图 8-31 所示。用户也可以同时勾选多个复选框来设置，这样得到的图像效果与位置更加精确。

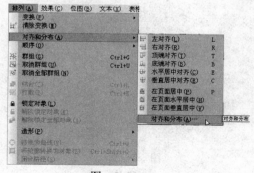
图 8-30

图 8-31

1）打开三朵花图形文件，可以看到三朵花不在一条水平线上，如图 8-32 所示。可以通过设置对齐方式来编辑图形。打开"对齐与分布"对话框，勾选"左"复选框，再单击"应用"按钮,将两个图形设置为左对齐,效果如图 8-33 所示。

图 8-32

图 8-33

2)撤销上一步操作,执行"排列"→"对齐和分布"→"顶端对齐"命令,将选择的两个图形的顶端对齐,效果如图 8-34 所示。再执行"排列"→"对齐和分布"→"底端对齐"命令,则将所选择图形的底端对齐,效果如图 8-35 所示。

图 8-34

图 8-35

3)还可以设置图形与页面之间的对齐和分布方式。选择要编辑的图形,执行"排列"→"对齐和分布"→"在页面中居中"命令,将两个图形都移动到页面的中间位置,且它们的中心点重叠,如图 8-36 所示。另外还可以设置与页面的其他关系,如图 8-37 所示为设置页面垂直居中的图形排列方式。如图 8-38 所示为设置页面水平居中的图形排列方式。

图 8-36

图 8-37

图 8-38

实战强化

1)熟悉利用 CorelDRAW X4 对男 T 恤印花进行设计的绘图环境与一般步骤。

2)绘制男 T 恤印花设计并进行设计变化。

3)绘制其他印花设计图例。

4)了解知识拓展内容。

项目 9 时 装 画

职业能力目标

1）能熟练掌握网格的设置。

2）能掌握图纸工具的使用。

项目情境

画好人体的动态是画好时装画最根本的要求。修长的、优美的人体，能充分发挥时装的魅力，体现出时装画的艺术特色。画好时装画能表达设计师的设计意图和构思，能准确表达出服装各部位的比例结构。虽然这在 CorelDRAW X4 中绘制的难度相对较大，但同时也能充分体现出服装设计师的精湛技艺与高超水平。设计师不用画笔和颜料就能实现自己的艺术构思，把设计师从烦琐的绘画工序中解脱出来，在较短时间里完成时装画的创作。并能激发良好的创意思维及一定的造型能力。对绘画技法不十分娴熟的人，借助电脑进行艺术创作就成为现实可能。一幅好的时装画作品产生的主要因素取决于设计师新颖的构思与色彩感觉，设计者除了掌握电脑软件的使用外，更重要的是对服装结构有所了解，提高造型能力，熟练掌握手绘技法，才能真正发挥电脑的功效，做好设计。

项目分析

可以使用两种方法绘制时装人体，一是以矩形工具、椭圆形工具等绘制矩形、椭圆形为基本形绘制时装画人体。利用形状工具调整时装画人体外轮廓使其具有曲线美，要求设计师对人体比例、结构比例有一定的认识；服装款式则使用贝塞尔工具、形状工具绘制并填充颜色；二是导入时装人体图片，并以图片为参照，利用贝塞尔工具将人体和时装勾勒下来，再进行款式修改及填充颜色。第二种方法相对来说较为简单，对绘画技法不十分娴熟的人来说容易掌握。本项目采用方法一进行实例操作，难点在人体绘制、头部绘制、服装阴影绘制。

项目实施

下面将详细介绍 CorelDRAW X4 中文版的时装画。

1. 时装画的绘图环境

设置图纸大小为 A4，方向纵向，单位为 mm，比例为 1:1。双击水平标尺打开"选项"对话框，设置网格间距水平：25mm，垂直：25mm，如图 9-1 所示。得到网格如图 9-2 所示。

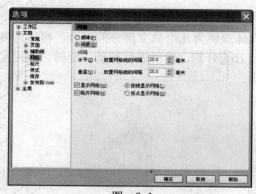

图 9-1

图 9-2

2．时装画的一般步骤

（1）绘制人体比例辅助线与人体基本形

双击水平标尺打开"选项"→"辅助线"→"垂直"，设置为-25、0、25，如图 9-3 所示。单击下拉菜单中的"视图"→"对齐辅助线"。选择"轮廓笔工具"，在弹出的对话框中单击"确定"，在随后弹出的对话框中设置轮廓宽度为 3mm，利用"矩形工具"、"椭圆形工具"、"贝塞尔工具"等绘制人体基本几何形，填充肤色如图 9-4 所示。

图 9-3

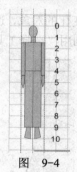

图 9-4

（2）修改人体基本形

利用"形状工具"选中人体基本形中的矩形，单击"属性栏"中的转换为曲线，移动节点调整曲线使各部分的形状更接近人体肌肉的起伏变化形态，在需要变化为曲线的部位单击，并选择"属性栏"→"转换直线为曲线"，如图 9-5 所示。选择菜单"排列"→"造形"→"焊接"，将颈部与躯干焊接在一起，如图 9-6 所示。

图 9-5

图 9-6

（3）绘制人体动态的变化

在 CorelDRAW 中建立人体，可以将人体理解为几个独立部分的组合，再进行复制、镜像等操作。人体上的各关节部位可以通过刻刀 🔪 分割，然后进行移动、旋转，利用形状工具调整形态等改变人体的动态，如图 9-7 所示。

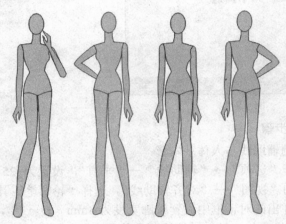

图 9-7

选择要进行变化的对象，选择"裁剪工具"，单击"刻刀" 🔪，在变化的关节部位拖动鼠标，如图 9-8 所示。利用"选择工具"双击变化的手臂，移动中心点位置进行旋转如图 9-9 所示。

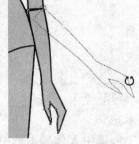

图 9-8   图 9-9

利用"形状工具" 🔧 对手臂进行修改如图 9-10 所示，焊接上下臂，并利用"形状工具"选择节点进行动态调整如图 9-11 所示。结果如图 9-12 所示。此方法也适合腿部等的变化。

图 9-10   图 9-11   图 9-12

（4）参照图片完成人体动态

导入时装画人体图片。利用"形状工具" 对人体曲线进行修改和调整，使其更生动、优美，利用"贝塞尔工具" 根据时装款式适当添加阴影，如图 9-13 所示。

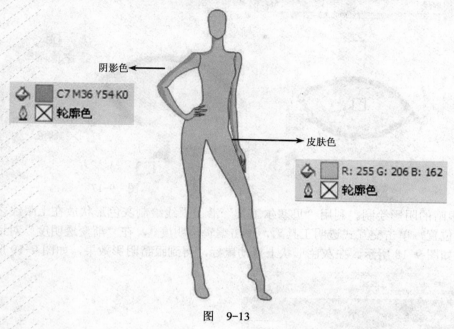

图 9-13

（5）五官的绘制

1）五官位置。"三停五眼"即当正面平视时，左右耳际和鼻宽约各为一个眼宽，加上自身的两眼即为面部的横向"五眼"位置，发际、鼻底、下巴各为纵向的"三停"位置。利用挑选工具选中头部椭圆图形，单击"属性栏"中的"转换为曲线" 。单击"图纸工具" ，设置属性栏中的图纸行和列数 ，在头部绘制网格，如图 9-14 所示。利用"形状工具" 调整头部曲线使其形状更接近鹅蛋脸形。单击 打开"轮廓笔"对话框，根据需要进行参数设置。利用"贝塞尔工具"绘制五官，如图 9-15 所示。

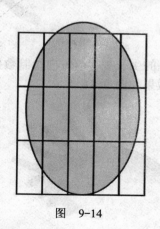

图 9-14

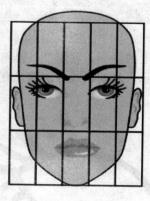

图 9-15

2）眼球的绘制。单击"贝塞尔工具" 绘制椭圆形状，并多复制一个。单击"交互式填充工具"，在属性栏中设置操作如图 9-16 所示。利用"编辑填充" 填充白到浅蓝的渐变色，并用形状工具删除部分轮廓使眼球看起来更立体，如图 9-17 所示。

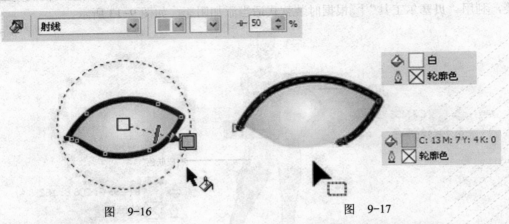

图 9-16   图 9-17

3）眼睛的阴影绘制。利用"贝塞尔工具"沿上眼线绘制灰色形状放在上眼线之下，眼球之上的位置，单击交互式透明工具 ，单击编辑透明度 ，在"渐变透明度"对话框中进行设置，如图 9-18 所示。在灰色形状上拖动鼠标，得到眼睛阴影效果，如图 9-19 所示。

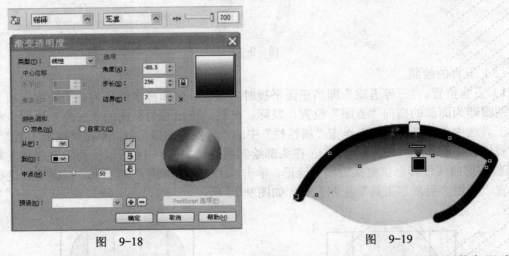

图 9-18   图 9-19

4）眼睫毛的绘制。利用"贝塞尔工具"根据眼睫毛的生长规律与方向绘制数条眼睫毛，如图 9-20 所示。复制眼线并调整位置使眼线更具化妆效果如图 9-21 所示。

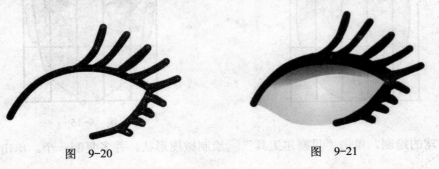

图 9-20   图 9-21

5）瞳孔和高光绘制。利用椭圆形工具绘制两个一大一小同心的椭圆形组合成瞳孔，分别填充宝石红到 20% 黑的射线渐变色，即黑色到白色的射线渐变色，在高光处绘制两个小白点，如图 9-22 所示。

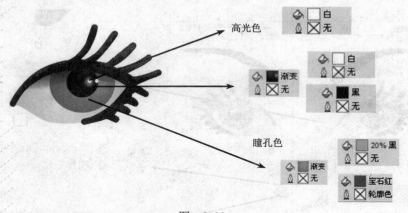

图 9-22

6）眉毛的绘制。单击"艺术笔工具" ，选择预设艺术笔，绘制柳叶眉。用挑选工具选中眉毛，选择"排列"→"拆分曲线于图层"，选择曲线，删除曲线。利用形状工具可以对眉毛进行修改与调整，如图 9-23 所示。

图 9-23

7）彩妆眼影。单击"贝塞尔工具" 绘制如图 9-24 所示的不规则圆形状，填充眼影色。单击交互式透明工具 ，在属性栏中设置透明度操作，使眼影看起来更自然。

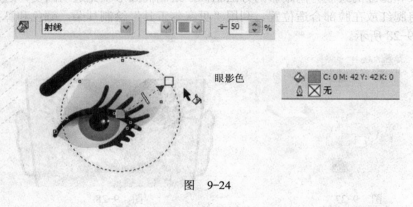

图 9-24

101

8）鼻子的绘制。单击"贝塞尔工具" ✍绘制鼻子、鼻梁、鼻孔如图 9-25 所示，并填充颜色。利用"挑选工具"选择鼻梁，单击交互式透明工具 ☒，在属性栏中设置透明度操作如图 9-25 所示，使鼻梁看起来更自然。

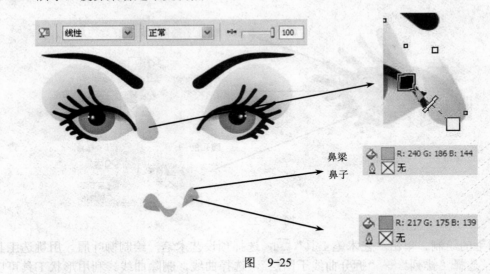

图 9-25

9）嘴唇的绘制。利用"贝塞尔工具"分别绘制嘴唇、阴影、亮部、高光（复制亮部并缩小），单击填充工具，设置填充的颜色，填充效果如图 9-26 所示。

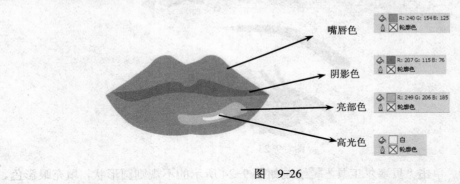

图 9-26

10）耳朵和腮红的绘制。同眼影的方法相似，绘制椭圆形填充透明渐变，运用图框精确裁剪内部，将腮红放在脸部合适位置。利用"贝塞尔工具"绘制耳朵，颜色和鼻孔相同。如图 9-27、图 9-28 所示。

图 9-27   图 9-28

（6）发型的绘制

单击"贝塞尔工具" 绘制发型基本形，填充棕色、褐色，并在基本形当中勾画柳叶形高光，填充渐变色，如图 9-29 所示。根据头发的梳理方向勾几处发丝，同时按<Shift>键单击挑选工具，群选需填色的发缕，选择满意的颜色填充，如图 9-30 所示。

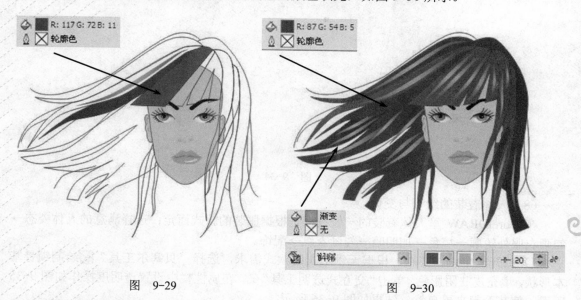

图 9-29   图 9-30

✂ 提示 头发的勾勒，要进行大量练习，按照头发生长的方向和规律概括成几缕头发，将每一缕头发绘制成一个独立的封闭图形，填充至少两个深浅不同层次的颜色，并加上几条飘动的发丝，发型才会显得自然灵动。柳叶形高光可结合复制、位置、旋转、大小等变换及形状工具完成，如图 9-30 所示。

（7）手和脚

1）选择手如图 9-31 所示，利用形状工具 ，根据手的形态进行调整，如图 9-32 所示，单击"贝塞尔工具" 工具绘制手指，如图 9-33 所示。

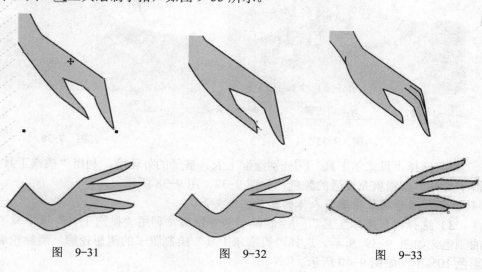

图 9-31   图 9-32   图 9-33

2）手和脚在服装人体中起着一种陪衬和协调的作用。手和脚的处理既要简洁又要显示美感，应当选择一些比较常见的，较容易掌握的角度来表现。由于脚上往往有鞋子穿着，因此只要勾勒简单的轮廓即可，如图 9-34 所示。

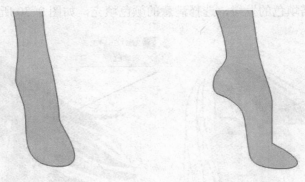

图　9-34

（8）人体着装的绘制与变化

在 CorelDRAW 里人体着装的一般过程是根据服装的款式而定；选择满意的人体姿态→勾画衣服外轮廓→填色→加明暗→勾画衣纹→配饰。

1）打开一个人体姿态，根据无领上衣的款式需求，选择"贝塞尔工具" 绘制锁骨基本形状，填充皮肤阴影色，单击"交互式透明工具" ，在属性栏中设置透明度操作如图 9-35 所示，使其看起来更自然，结果如图 9-36 所示。

✄ 提示　注意服装轮廓与人体的松紧间隙关系。

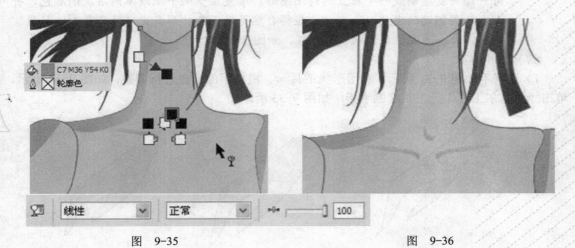

图　9-35　　　　　　　　　　　　　　　　图　9-36

2）选择"贝塞尔工具" 分别绘制上衣、裤子的外轮廓，利用"挑选工具"选中上衣、裤子部分，分别填充合适的颜色，如图 9-37、图 9-38 所示。

✄ 提示　注意服装轮廓与人体的松紧间隙关系。

3）选择"贝塞尔工具" 绘制靴子的外轮廓，利用"挑选工具"选中靴子，填充合适的颜色。如图 9-39 所示。选择"贝塞尔工具"绘制靴子的阴影轮廓，清除轮廓线，填充阴影色 10%黑，如图 9-40 所示。

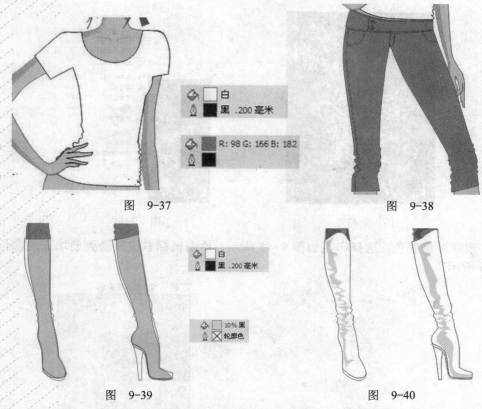

图 9-37   图 9-38

图 9-39   图 9-40

4）选择"贝塞尔工具"分别绘制上衣、裤子的阴影轮廓，清除轮廓线，填充上衣和裤子的低明度和同类色，白色上衣阴影色为 10%黑，为了让阴影更逼真，单击交互式透明工具，将上衣与裤子的阴影调整成透明的效果，使得阴影与衣服有自然的过渡，如图 9-41、图 9-42 所示。

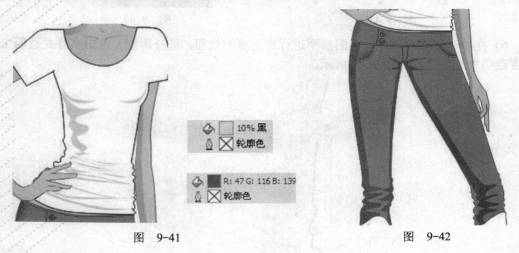

图 9-41   图 9-42

5）填充印花。

① 导入印花图案，如图 9-43 所示。

② 在印花图案上单击鼠标右键，在弹出的菜单中选择取消全部群组，如图 9-44 所示。

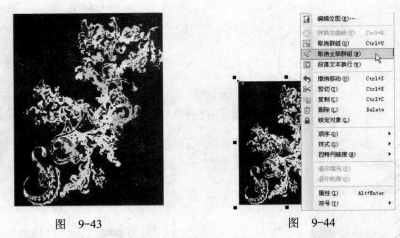

图 9-43　　　　　　　　　　图 9-44

③ 删除黑色底色，选择印花如图 9-45 所示，单击鼠标右键拖动到要填充的部位，如图 9-46 所示。

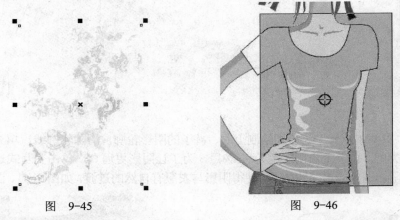

图 9-45　　　　　　　　　　图 9-46

6）在填充印花的部位，对阴影要进行透明度的处理。选择阴影，单击交互式透明工具，设置透明度属性栏，如图 9-47 所示。

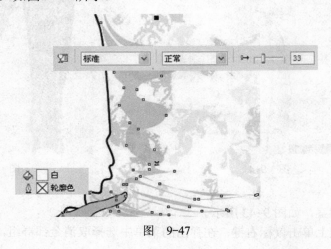

图 9-47

（9）完成时装画保存文件

完成时装画保存文件，如图 9-48 所示。还可以根据需要进行不同的色调搭配，如图 9-49 所示。

图　9-48　　　　　　　　　　　　　　　图　9-49

✄ 提示　通过对优秀作品的临摹可以学习到许多不同风格时装画的表现技巧。

■触类旁通

其他时装画如图 9-50～图 9-52 所示，都是学生在 CorelDRAW X4 中文版中设计绘制的时装画作品，有兴趣的同学可以按这些方法设计变化。

图 9-50　缪绮婷作品

图 9-51　卓佩仪作品

图 9-52　曹欣欣作品

■知识拓展

1．基本形状的绘制

基本形状主要通过形状工具组绘制完成。其中基本形状工具用于绘制常见的特殊图形，箭头形状工具主要绘制各种样式的箭头图形，流程图形形状工具主要绘制流程形状图形，标题形状工具主要为图形中的标题添加特定形状的底色，如图 9-53 所示。

（1）基本形状

基本形状工具包含多种常见图形，直接选择提供的图形按钮就可以在绘图区域绘制梯形、心形、圆弧等图形，单击属性栏中的"完美形状"按钮，在弹出的图形框中选择合适的图形，如图 9-54 所示。然后在绘图区域合适的位置上单击并拖动鼠标，绘制出图形如图 9-55 所示。

图 9-53　　　　　　　图 9-54　　　　　　　图 9-55

（2）箭头形状

箭头形状包括了各种箭头图形，在完美形状中可以选择其提供的箭头图形来绘制，还可以对绘制的箭头图形填充颜色，边缘的轮廓也可以重新设置和编辑。单击属性栏中的"完美形状"按钮，在弹出的图形框中选择合适的箭头图形，如图 9-56 所示。然后在绘图区域合适的位置上单击并拖动鼠标，绘制出箭头图形如图 9-57 所示。

图 9-56　　　　　　　　　　　　图 9-57

（3）流程图形状

流程图形状主要提供制作流程效果中用到的相关图形，单击工具箱中的"流程图形状"按钮，然后单击属性栏中的"完美形状"按钮，在弹出的图形框中选择合适的图形，如图 9-58 所示。然后在绘图区域合适的位置上单击并拖动鼠标，绘制出图形如图 9-59 所示。

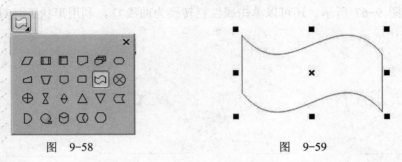

图 9-58　　　　　　　　　　　　图 9-59

（4）标题形状

标题形状的作用是为标题制作出一定形状的底色，通过颜色和形状的变化来突出表现重点对象，单击工具箱中的"标题形状"按钮，然后单击属性栏中的"完美形状"按钮，在弹出的图形框中选择合适的图形，如图 9-60 所示。然后在绘图区域合适的位置上单击并拖动鼠标，如图 9-61 所示。

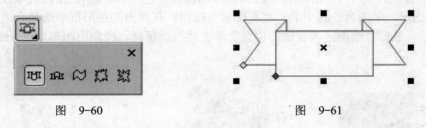

图　9-60　　　　　　　　　　　　　　　　图　9-61

（5）标注形状

标注形状主要是在添加说明文字时起指示和引导作用,通过设置标注形状突出要说明的主题对象，对于已经绘制的图形还可以对该图形进行填充、设置图形轮廓等操作，如图 9-62、图 9-63 所示。

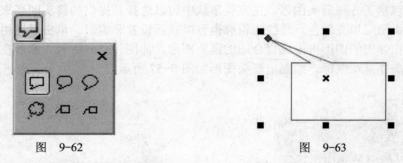

图　9-62　　　　　　　　　　　　　　　图　9-63

2．多边形、螺旋曲线和图纸的绘制

应用多边形工具绘制的图形都为规则多边形，也可以通过形状工具对多边形编辑，将其变换为不规则图形。包括多边形、星形、复杂星形、图纸、螺纹工具，如图 9-64 所示。

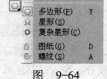

图　9-64

（1）多边形工具

选择多边形工具，在图中绘制默认五边形如图 9-65 所示，按<Ctrl>键可以绘制正五边形如图 9-66 所示，可以利用形状工具选择节点拖动，改变其形状如图 9-67 所示。还可以单击属性栏转换为曲线 ⊙，利用形状工具对其进行编辑如图 9-68 所示。

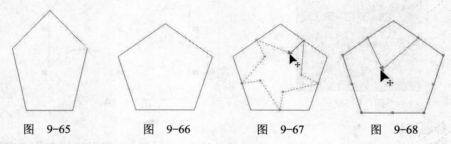

图　9-65　　　　　　图　9-66　　　　　　图　9-67　　　　　　图　9-68

（2）星形工具

星形工具主要是绘制星形图形。图形由多个边组成，通过设置可以变换绘制图形的边数，

而且星角的锐度也可以设置，即设置角的平滑程度，数值越大角越尖锐。

（3）复杂星形工具

复杂星形工具用于绘制特殊的星形图形，所绘制的图形中间会留出空白区域，可以通过应用形状工具移动和变换星形，形成另外一种特殊效果的星形，其边框和颜色等属性也可重复更改。

（4）螺纹工具

螺纹工具主要用于绘制旋转的线条图形，形成漩涡效果。选择工具箱中的"螺纹工具"，在属性栏中可以设置控制螺纹的相关参数，主要包括螺纹类型、螺纹回圈和螺纹扩展的设置。

（5）图纸工具

图纸工具的作用是绘制表格图形。它所绘制出来的表格和用表格工具绘制的表格有所不同，在应用图纸工具绘制的表格中，图形可以通过执行解组命令而选取单元格，并能对单元格进行移动、填充等操作，而应用表格工具绘制的表格在解组后只能单独选取最外面的矩形和中间绘制的单个线条，而不能独立选择某个单元格。

实战强化

1）熟悉利用 CorelDRAW X4 对时装画人体进行设计的绘图环境与一般步骤。

2）绘制人体并进行姿态变化。

3）绘制五官、发型及手和脚。

4）绘制人体着装并进行设计变化。

5）绘制其他时装画图例。

6）了解知识拓展内容。

项目 10　西裙样板

🔖 职业能力目标

1）能熟练掌握利用形状工具打散矩形的节点。
2）能熟练掌握利用"排列"→"变换"→"位置"进行样板绘制。
3）能掌握工具箱"多边形工具"→"图纸工具"进行等分处理。
4）能掌握利用"对象管理器"将图形分别放在轮廓线或辅助线等图层。

任务 1　西裙原型样板

■任务情境

　　西裙立体的上部与人体之间存在着一定的空隙。为了形成裙子的立体形态，需要在腰部利用省道及其他方法使圆柱体与人体形态相贴合。西裙的腰省设定根据体型的不同而不同，可采用立体裁剪的方法获得。西裙原型样板是最简单的样板之一，是设计和变化其他裙类样板的基础。如图 10-1 所示。

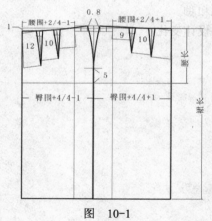

图　10-1

■任务分析

　　以矩形为基本形绘制西裙原型样板。设置图纸大小为宽 70cm，高 70cm，方向纵向，单位为 cm，比例为 1:1，其他详见第 2 章西裙款式设计的绘图环境。本任务的难点在于对图层的使用，可在工具菜单中的对象管理器中对图层进行设置。对于省道的绘制，可运用图纸工具进行操作。

　　西裙原型样板中间号型规格如图 10-2 所示。单位为厘米（cm）。

号型	部位	裙长（L）	腰围（W）	臀围（H）	腰长（WL）
168/68	规格	56	68	90	18

图　10-2

任务实施

下面将详细介绍利用 CorelDRAW X4 中文版对西裙原型样板进行制作。

1．设置辅助线层和轮廓线层

选择菜单中的"泊坞窗"→"对象管理器"，用鼠标右键单击"图层 1"所在位置，在其弹出的快捷菜单中选择"重命名"，如图 10-3 所示，输入"辅助线"的文字作为该层的命名，如图 10-4 所示。单击对象管理器中的"新建图层" 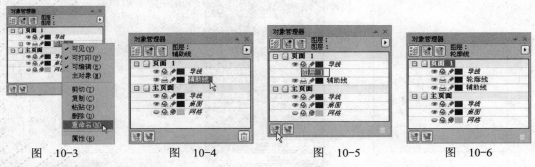 ，如图 10-5 所示，并将其命名为"轮廓线"，如图 10-6 所示。

图　10-3　　　　　图　10-4　　　　　图　10-5　　　　　图　10-6

2．设置辅助线轮廓笔

选择工具箱中的"轮廓笔工具" ，弹出如图 10-7 所示的对话框，单击"确定"按钮后，在随后弹出的"轮廓笔"对话框中设置颜色为"红色"，宽度为"发丝"，如图 10-8 所示。

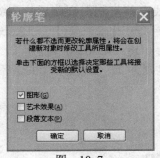 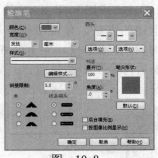

图　10-7　　　　　　　　　　　　图　10-8

3．建立定位辅助线

1）单击"对象管理器"泊坞窗中的辅助线层，使其成为当前层，如图 10-9 所示，再单击工具箱中的"矩形工具" 绘制一个宽=（臀围+4）/2cm（47cm），高=裙长（56cm）的矩形如图 10-10 所示，单击其属性栏中的转换为曲线 ，如图 10-11 所示。

 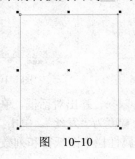 

图　10-9　　　　　　图　10-10　　　　　图　10-11

113

2）单击工具箱中的"形状工具" ，分别单击其属性栏中选择全部节点 和分割曲线 ，然后选择菜单中的"排列"→"打散"，将矩形的四条边拆分为四条独立的线段，分别作为裙子的上平线、裙长线和左后中线、右前中线的辅助线如图 10-12 所示。使用工具箱中的挑选工具选中上平线，执行菜单"排列"→"变换"，在弹出的对话框中输入 H=0，V=腰长（-18cm），单击"应用到再制"按钮，如图 10-13 所示，使上平线复制臀围线如图 10-14 所示。

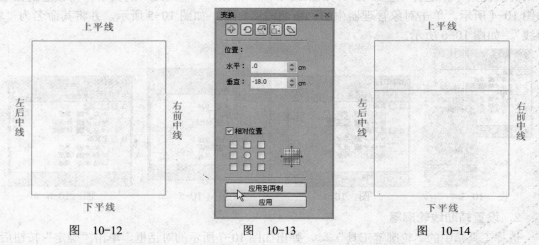

图 10-12　　　　　图 10-13　　　　　图 10-14

3）选择右前中线，在位置泊坞窗中输入 H=（臀围+4）/4+1（24.5cm），V=0cm，如图 10-15 所示，单击"应用到再制"按钮，使前中线左移复制得到前后片侧缝线如图 10-16 所示；继续用上述的方法，使前中线移动再制 H=（腰围+2）/4+1（-18.5cm），V=0cm；后中线移动再制 H=（腰围-2）/4-1（16.5cm），V=0cm，如图 10-17 所示，分别得到前腰宽和后腰宽；最后再分别移动复制得到如图 10-18 所示的（后腰中线的下落线）1cm 线段和（侧缝直线偏出点）5cm 线段。

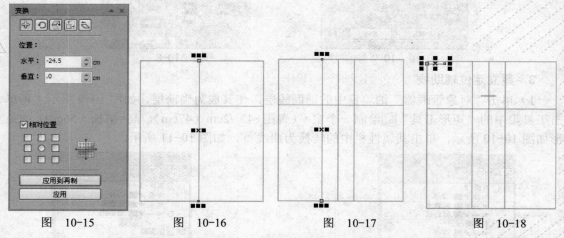

图 10-15　　　　　图 10-16　　　　　图 10-17　　　　　图 10-18

4）选择工具箱中的"轮廓笔工具" ，弹出对话框，单击"确定"按钮，在随后弹出的"轮廓笔"对话框中设置颜色为"蓝色"，宽度为"发丝"。单击工具箱中的"多边形工具"弹出工具菜单，选择"图纸工具" ，设置好属性栏中图纸行和列数 ，分别将前后腰臀差三等分，如图 10-19 所示。选中两个等分格，执行菜单"排列"→"变换"→"位置"，设置 H=0cm，V=0.8cm（起翘量），单击"应用"按钮，如图 10-20 所示，使等分格向上移动。

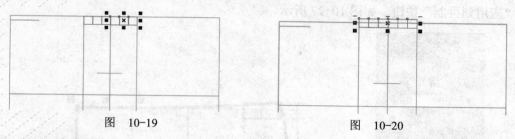

图 10-19   图 10-20

4．绘制轮廓线

选择工具箱中的"轮廓笔工具" ，弹出对话框，单击"确定"按钮，在随后弹出的"轮廓笔"对话框中设置颜色为"黑色"，宽度为"3.0mm"，如图 10-21 所示。单击对象管理器中的"轮廓线"层，使其成为当前层如图 10-22 所示。使用工具箱中的"贝塞尔工具" ，在各处定位辅助线的帮助下绘制出裙子的基本形状，再分别利用形状工具和其属性栏中的转换直线为曲线，将腰口线、侧缝线的轮廓线调整到圆顺和平直状态，如图 10-23 所示。

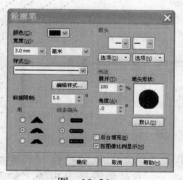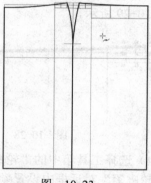

图 10-21   图 10-22   图 10-23

5．省道的绘制

1）选择工具箱中的"轮廓笔工具" ，弹出对话框，单击"确定"按钮，在随后弹出的"轮廓笔"对话框中设置颜色为"蓝色"，宽度为"发丝"，如图 10-24 所示。单击对象管理器中的"辅助线"层，使其成为当前层如图 10-24 所示。使用工具箱中的"图纸工具" ，设置好属性栏中的图纸行和列数 ，将前腰宽三等分，使用挑选工具双击等分格旋转移动，使其上沿与前腰围线对齐，如图 10-25 所示。

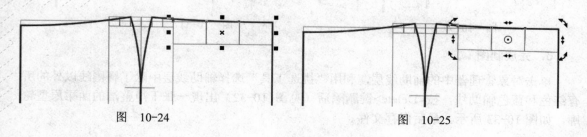

图 10-24   图 10-25

2）执行菜单"排列"→"取消组合"，将等分格拆分，选中右边第一个格子，执行菜单"排列"→"变换"→"大小"，如图 10-26 所示。调整 V=10cm（腰省长度），宽度 H 不变，单击"应用到再制"按钮，如图 10-27 所示。

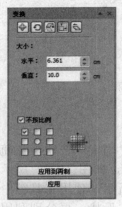

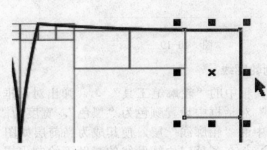

图　10-26　　　　　　　　　　　　　　　　　　图　10-27

3）选择"图纸工具" ，设置好属性栏中的图纸行和列数，分别将三分之一腰臀差处二等分作为腰省大，如图 10-28 所示。选择等分格移动到腰省位置，即为腰省大的位置如图 10-29 所示。

图　10-28　　　　　　　　　　　　　　　　　　图　10-29

4）选择工具箱中的"轮廓笔工具" ，弹出对话框，单击"确定"按钮，在随后弹出的"轮廓笔"对话框中设置颜色为"黑色"，宽度为"3.0mm"。单击对象管理器中的"轮廓线"，使其成为当前层。使用工具箱中的"贝塞尔工具"连接腰省如图 10-30 所示，用上述方法绘制其他腰省如图 10-31 所示。

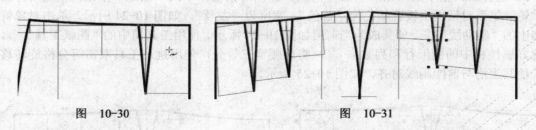

图　10-30　　　　　　　　　　　　　　　　　　图　10-31

6．完成制图

单击对象管理器中的辅助线层，利用"挑选工具"选择辅助线层中除了臀围线以外的所有红色和蓝色辅助线，按<Delete>键删除后（见图 10-32）出现一张干净整洁的西裙原型轮廓，如图 10-33 所示。最后保存文件。

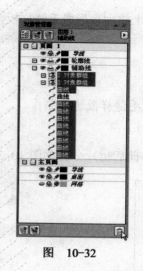

图　10-32

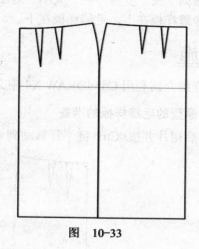

图　10-33

任务 2　西裙原型的毛缝样板

◼ 任务情境

　　西裙的放缝一般在底摆折边处多放一些，根据面料厚薄放 2～4cm。其余各边放 1cm，如果是装拉链位置则需放 2cm。

　　通过放缝由西裙原型净样制作西裙原型的毛样如图 10-34 所示。

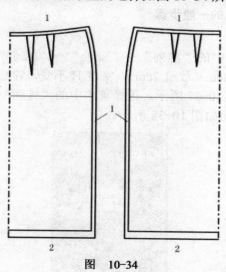

图　10-34

◼ 任务分析

　　CorelDRAW X4 不是专业的服装 CAD 软件，因此在放缝时存在一定的局限性，不能通过输入数据自动放缝，但如果能熟练掌握，也能运用自如。利用对样板的复制、粘贴并选择菜单中的"排列"→"变换"→"大小"对原有的净缝样板上放大来形成毛缝样板，并注意排列层次，净缝样板在上，毛缝样板在下。

■任务实施

下面将详细介绍利用 CorelDRAW X4 中文版对西裙原型毛缝样板进行制作。

1．西裙原型的毛缝样板的准备

1）选择后裙片并按<Ctrl>键平行移动到合适的位置，将前后裙片分开如图 10-35 所示。

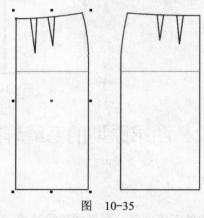

图 10-35

2）分别选择前、后裙片并选择菜单中的"编辑"→"复制"及"编辑"→"粘贴"，复制的前、后裙片作为毛缝样板。

2．西裙原型的毛缝样板的一般步骤

（1）裙摆放缝

选择后裙片，选择菜单中的"排列"→"变换"→"大小"，弹出"变换"泊坞窗如图 10-36 所示，调整 V=58.8cm（放缝 2cm），宽度 H 不变，勾选对齐中上位置，单击"应用"按钮完成裙摆放缝如图 10-37 所示。选择菜单中的"排列"→"顺序"→"到图层后面"，将毛样放在净样的后面如图 10-38 所示。

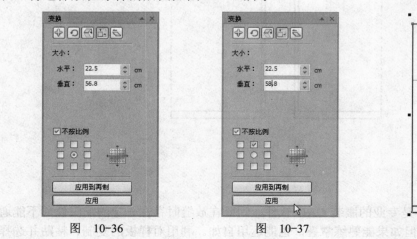
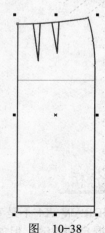

图 10-36　　　　　　　　图 10-37　　　　　　　　图 10-38

（2）裙腰止口放缝

选择后裙片毛样，选择菜单中的"排列"→"变换"→"大小"，弹出"变换"泊坞窗如图 10-39 所示，调整 V=59.8cm（放缝 1cm），宽度 H 不变，勾选对齐中下位置，单击"应用"按钮完成裙腰止口放缝如图 10-40 所示。

图 10-39

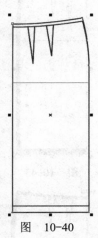

图 10-40

（3）侧缝放缝

选择后裙片毛样，选择菜单中的"排列"→"变换"→"大小"，弹出"变换"泊坞窗，调整宽度 H=23.5cm（放缝 1cm），高度 V 不变，勾选对齐左中位置如图 10-41 所示，单击"应用"按钮完成侧缝放缝如图 10-42 所示。西裙前片放缝方法相同。

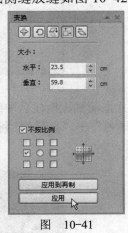

图 10-41

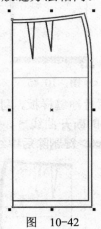

图 10-42

3．西裙原型样板的完成

西裙原型样板前、后片均为左右对称图形，准确的表达方式是将前中线和后中线由实线修改成用点划线来表示样板的对折。

1）选择西裙后片毛缝样板，选择菜单中的"编辑"→"复制"及"编辑"→"粘贴"，复制西裙后片毛缝样板，利用"挑选工具"并按<Alt>键选择下层西裙后片毛缝样板，右键单击调色板按钮⊠，清除轮廓线，填充蓝色如图 10-43 所示。再利用"挑选工具"选择上层西裙后片毛缝样板，利用"形状工具"，并单击鼠标框住后中线如图 10-44 所示。

2）单击形状属性栏中的断开曲线 ，选择菜单中的"排列"→"打散"，利用"挑选工具”选择后中线如图 10-45 所示。单击属性栏轮廓样式选择器——选择点划线如图 10-46 所示。后中线变成点划线。

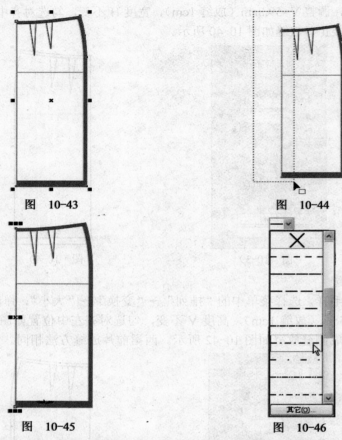

图 10-43　　　　　　　　　　　图 10-44

图 10-45　　　　　　　　　　　图 10-46

3）选择西裙后片净缝样板，利用"形状工具"，并拖动鼠标框住后中线如图 10-47 所示。单击形状属性栏中的断开曲线，选择菜单中的"排列"→"打散"，利用"挑选工具"选择后中线，按<Delete>键删除后中线如图 10-48 所示。

图 10-47　　　　　　　　　　　图 10-48

用同样的方法修改西裙原型前片图形，保存文件。

■触类旁通

　　其他样板如图 10-49～图 10-51 所示，分别为女上衣原型、男上衣原型、女内裤原型等。有兴趣的同学可以按这些样板进行设计变化。

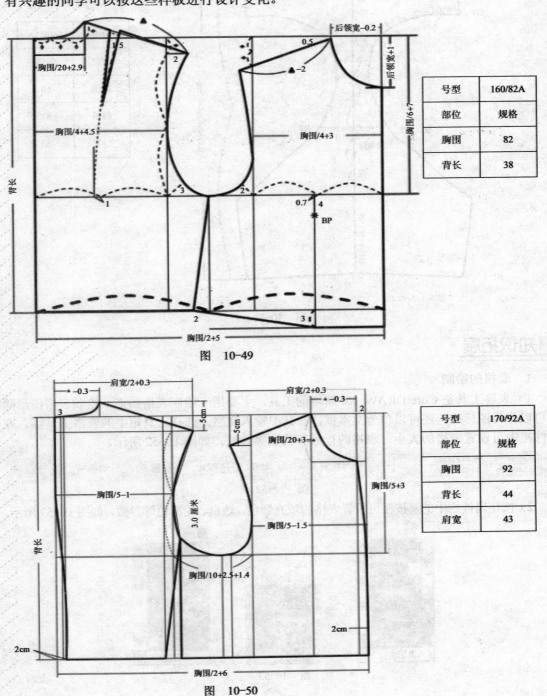

图　10-49

号型	160/82A
部位	规格
胸围	82
背长	38

号型	170/92A
部位	规格
胸围	92
背长	44
肩宽	43

图　10-50

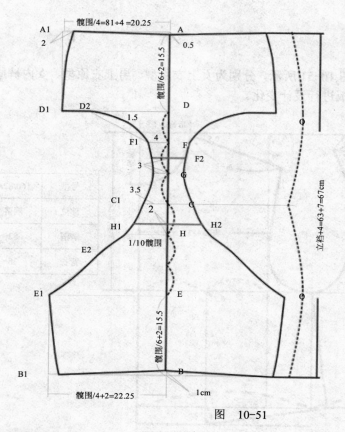

号型	160/82A
部位	规格
腰围	66
臀围	81
立裆长	63

图 10-51

知识拓展

1. 表格的绘制

1) 表格工具是 CorelDRAW X4 新增的工具，主要用于绘制表格图形，绘制表格图形除了可以作为图标外，还可以作为文本框，在其中输入文字。选择工具箱中的表格工具 📰 ，在属性栏中可设置表格的大小、表格的行数和列数等参数，如图 10-52 所示。

图 10-52

2) 按住属性栏中的 ✓ 按钮可设置表格的填充颜色、边框、轮廓色等参数，如图 10-53 所示。

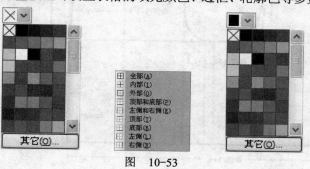

图 10-53

3）不同的设置会对不同的表格产生影响，如图 10-54 所示。

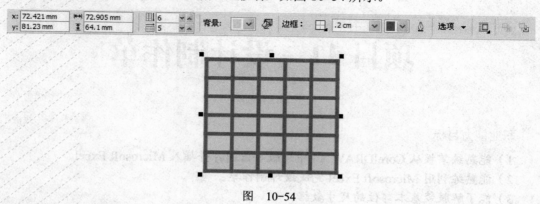

图　10-54

2．选择绘制的表格

选择菜单中的"排列"→"打散表格"→"取消群组"，利用"挑选工具"拖动被打散的表格，对比与图纸工具所绘制图形的区别。

■实战强化

1）熟悉利用 CorelDRAW X4 对西裙原型样板进行制作的绘图环境与一般步骤。
2）绘制西裙原型样板的净样与毛样。
3）绘制男、女上衣原型样板。
4）绘制女内裤原型样板。
5）了解知识拓展内容。

项目 11 设计制作单

1）能熟练掌握从 CorelDRAW X4 中文版导出图片并插入 Microsoft Excel。
2）能熟练利用 Microsoft Excel 完成设计制作单。
3）能了解服装基本部位的尺寸数据。
4）能掌握制作单上的工艺说明及常用术语。

项目情境

设计师设计好款式以后，通常由设计主管部门挑选出部分合适的款式生产出样版，设计跟单就根据设计师的设计图用 Microsoft Excel 绘制出版单，并将设计图插入到表格中。服装跟单员在跟单过程中，首先应当学习和掌握相关的服装专业基础知识，如服装的英语名称、服装常用术语、服装型号表示方法、服装面料基础知识、成衣生产准备工作、成衣生产的工艺流程、成衣检验等。并不断积累经验，掌握和提高跟单技巧。如建立综合信息资料汇编、各类联络档案资料及制定工作日程等，使跟单工作安排有序、信息畅通、高效无误。

项目分析

跟单是设计师和生产者之间的桥梁，完成这项任务，不仅仅是绘制出几个表格的简单问题，还需要较好的沟通能力。跟单员在生产计划实施过程中，虽然不需要自己去指导生产，但必须熟悉和了解服装生产加工工艺过程，能够看懂工艺单上所表示的技术要点、难点，从而能够控制生产质量，顺利完成订单任务。

项目实施

1. 打开 Microsoft office Excel

选择菜单中的"开始"→"程序"→Microsoft Office l→Microsoft Office Excel。

输入客户名称、款号、尺寸、工艺设计说明等文字及数据，并插入图片。如图 11-1～图 11-3 所示。

2. 保存文件。

✂ 提示　插入的图片由 CorelDRAW X4 中导出，格式为 JPEG 格式。图中工艺设计说明略带珠江三角洲地方方言，文字的使用由于邻近港澳地区，因此许多企业也常采用繁体字，可根据各地实际情况修改，原则是通俗易懂。

某时装纺织有限公司

办　单

客户名称：									
款　　号：	××-101								
款　　式：	短袖						出单日期：	2011-7-22	
布　　料：	26S/1 精梳棉平纹布						办　　期：	2011-7-29	

样办类型	颜色	数量	备注
	漂白	3	
	苹果绿	3	
	粉黄	3	
	光蓝	3	

尺寸	单位：cm	L	
胸阔（夹下 2cm）		57	
脚阔		56	
衫长（膊尖度）		73	
肩宽		50	
袖长		24.5	
夹圈（斜直量）		25.4	
袖口阔		37	
领宽（骨至骨）		17.5	
前领深（水平线）		10	做工：
脚高		2	1）领 1×1 罗纹辘上，面坑冚双线
			2）四线全棉纳膊（纳膊落膊头绳于后幅）
			3）袖口原身折布入 2cm 冚双针。针距 0.5cm.
			4）衫脚原身布折入 2cm 冚双针。针距 0.5cm
样办布色			5）前幅拼幅，不用走散口，面冚 0.3 双针
			前后幅印花

图　11-1

某时装纺织有限公司

办　单

客户名称：				
款　　号：	××-102			
款　　式：	短袖		出单日期：	2011-7-22
布　　料：	平纹布		办　　期：	2011-7-29

样办类型	颜色	数量	备注	
	乳白	3	图样：	
	土黄	3		
	浅灰	3		
	桃红	3		

尺寸	单位：cm	L	做工：
胸阔（夹下 2cm）		57	
脚阔		56	
衫长（膊尖度）		73	
肩宽		50	
袖长		24.5	
夹圈（斜直量）		25.4	做工：
袖口阔		37	1）领用扁机辘上，后领捆用原身布包子口
领宽（骨至骨）		17.5	2）膊走前 1.5cm，落全棉膊头绳在后幅，间单线
前领深（水平线）		10	3）上半胸印花.拼接下半衫是净色.净色面间双线（如图）
领尖		6.8	
后领高		8	4）前中开正胸筒，开一横一坚钮门.订 2 粒钮筒边压线
筒长×阔			
领长		43	5）夹圈压边线.压线时要注意夹圈形要圆顺，不可有大小子口
脚高		2	
袖口高		2	6）袖口用原身布折入 2cm 冚双针，0.5cm 针距
			7）衫脚用原身布折入 2cm 冚双针，0.5cm 针距
			注意：筒长×阔由师傅自订

图　11-2

某时装纺织有限公司

生产制作单

客户名称：						发单日期：			
制单 NO：						落货日期：			
客户款号：						制单数量：			

布料说明：

主　布：

配　布：

尺寸表：

部位尺寸　　码数		S	M	L	XL	英寸	示意图：	
A	胸宽（夹下 1"度）							
B	脚阔（松度）							
C	领口阔							
D	前领深（肩高点度）							
E	后领深							
F	领高（罗纹）							
G	夹圈（直度）							
H	袖口宽							
I	袖口高							
J	脚高							
K	肩阔							
L	袖长（肩顶度）							
M	旗唛位（底离脚）							
O	后中长							
P	袖阔（夹底 1"）							
Q	筒阔*筒长							

细数分配：

色号		颜色　数量　码数					总计	
S								
L								

做工描述：

开单人:										

图　11-3

实战强化

1. 在 Microsoft Excel 中绘制生产设计单，如图 11-1、图 11-2 所示。

2. 在 Microsoft Excel 中绘制生产制作单，如图 11-3 所示。

参 考 文 献

[1]　李淑琴. CorelDRAW X4 中文版标准教程[M]. 北京：中国青年出版社，2009.

[2]　贺景卫，胡莉虹，黄莹. 数码服装设计与表现技法——CorelDRAW[M]. 北京：高等教育出版社，2008.

[3]　马仲岭. CorelDRAW 服装款式设计案例精选[M]. 北京：人民邮电出版社，2006.

[4]　陈淑光，董雪莲. CorelDRAW 视觉广告理念与设计教程[M]. 北京：清华大学出版社，2007.

[5]　母春航，李明哲. CorelDRAW X3 中文版使用详解[M]. 北京：电子工业出版社，2008.

[6]　洪境，汪林. 女性内衣设计制图技法[M]. 上海：东华大学出版社，2007.

[7]　庞绮. 时装画表现技法[M]. 南昌：江西美术出版社，2004.

[8]　MCOO 时尚视觉研究中心. 潮流时装设计 女士时装设计开发[M]. 北京：人民邮电出版社，2011.

[9]　MCOO 时尚视觉研究中心. 潮流时装设计 男士时装设计开发[M]. 北京：人民邮电出版社，2011.

[10]　吴俊，刘庆，张启泽. 成衣跟单[M]. 北京：中国纺织出版社，2007.

[11]　三吉满智子. 服装造型学·理论篇[M]. 郑嵘，张浩，韩洁羽，译. 北京：中国纺织出版社，2006.